主编　中国建设监理协会

中国建设监理与咨询

中国建筑工业出版社

图书在版编目（CIP）数据

中国建设监理与咨询 = CHINA CONSTRUCTION MANAGEMENT and CONSULTING. 41 / 中国建设监理协会主编. —北京：中国建筑工业出版社，2021.11
ISBN 978-7-112-26759-0

Ⅰ.①中…　Ⅱ.①中…　Ⅲ.①建筑工程—监理工作—研究—中国　Ⅳ.①TU712.2

中国版本图书馆CIP数据核字（2021）第211080号

责任编辑：费海玲　焦　阳
文字编辑：汪箫仪
责任校对：王　烨

中国建设监理与咨询　41
CHINA CONSTRUCTION MANAGEMENT and CONSULTING

主编　中国建设监理协会

*

中国建筑工业出版社出版、发行（北京海淀三里河路9号）
各地新华书店、建筑书店经销
北京雅盈中佳图文设计公司制版
天津图文方嘉印刷有限公司印刷

*

开本：880毫米×1230毫米　1/16　印张：$7^1/_2$　字数：300千字
2021年11月第一版　2021年11月第一次印刷
定价：**35.00**元

ISBN 978-7-112-26759-0
（38587）

编辑部

地址：北京海淀区西四环北路 158 号
慧科大厦东区 10B

邮编：100142

电话：（010）68346832

传真：（010）68346832

E-mail：zgjsjlxh@163.com

中国建设监理与咨询

目录 CONTENTS

行业动态

政策法规消息

本期焦点：中国建设监理协会项目监理机构经验交流会在成都召开

监理论坛

项目管理与咨询

创新与研究

百家争鸣

中国建设监理协会“施工阶段项目管理服务标准研究”课题在沪开题

2021年7月23日上午，中国建设监理协会“施工阶段项目管理服务标准研究”课题在上海开题。中国建设监理协会会长王早生，副会长李明安，专家委员会常务副主任、北京交通大学教授刘伊生，专家委员会副主任、上海同济工程咨询有限公司董事总经理杨卫东，专家委员会主任委员孙占国等领导专家出席会议。广西建设监理协会会长陈群毓、安徽省建设监理协会会长苗一平等作为课题组成员参加会议。上海市建设工程咨询行业协会秘书长徐逢治主持会议。

“施工阶段项目管理服务标准研究”课题委托上海市建设工程咨询行业协会负责，来自上海、广西、安徽、甘肃、河南的多家咨询企业参与研究。本课题为指导工程监理企业开展施工项目管理服务，通过专业化管理和咨询服务努力实现项目投资目标、进度目标和质量目标，提升项目价值，进一步规范和提高项目管理服务水平。课题最终计划形成应用于施工阶段项目管理服务的通用工作标准。

课题组代表、上海同济工程咨询有限公司发展研究院院长敖永杰汇报了课题组前期准备工作情况，与会专家与课题组成员就本课题的目标定位、技术路线、章节划分等方面展开了充分的讨论交流。

王早生会长强调，监理企业开展项目管理服务要设身处地地站在投资单位的角度，深入挖掘市场潜在需求，积极应对行业变革冲击，寻找一条适合自己的可持续发展道路。与此同时，本标准在编制过程中也要考虑适用全国的情况，并做好与其他规范的衔接。希望课题组在研究过程中，充分听取项目投资单位和建设管理部门的意见，圆满完成本次课题任务。

中国建设监理协会会长王早生一行到华东咨询开展调研座谈

2021年7月22日，中国建设监理协会会长王早生，副会长兼华东院领导王岩，行业发展部副主任孙璐，中国水力发电工程学会水电监理专业委员会副主任委员兼秘书长孙玉生到浙江华东工程咨询有限公司调研。华东咨询总经理、副总经理、党委副书记等公司班子成员参加座谈会。

会上，华东咨询总经理吕勇详细介绍了公司在承接总承包、全过程咨询业务过程中的经验及教训，全面阐述了公司在设计、资源、人才、管理等四个方面的优势，细致总结了人才培养、科技支撑、取长补短三个方面的经验。通过聚焦青山湖总承包项目、迎宾大道总承包项目、采荷未来社区全咨项目、柯诸高速全咨项目、宜兴桃花水库全咨项目等工程全方位展示了科研创新、标准化、信息化、物联网等新技术在工程建设新时代中的应用实践。

王早生会长和与会人员互动交流，不断详细询问和深入了解华东咨询的发展战略、文化理念、经营思路和管理措施，充分肯定了华东咨询在监理企业转型发展中的示范作用，为设计院的全资监理企业发展走出了一条新的路子。王会长指出，在高质量发展的市场环境中，企业要着力于打造分层分级的人才梯队，促进行业的全方位发展。王会长希望华东咨询展现中央企业的责任和担当，靠前发展、引领发展、带动发展，积极参与协会的工作，推动全国监理行业实现更高质量的发展。

王早生会长在西宁参加西部地区建设监理协会第十五次秘书长工作恳谈会

2021 年 6 月 29 日西部地区建设监理协会秘书长工作恳谈会第十五次会议在青海西宁召开。来自 13 个省（市、自治区）建设监理协会会长、秘书长及企业代表共 70 余人参会。青海省住房和城乡建设厅党组成员、总工程师熊士泊、青海省住房和城乡建设厅建筑业监管处唐晓剑处长出席了会议。会议特邀中国建设监理协会王早生会长、王月副秘书长及其他地方协会相关领导出席会议。会议由青海省建设监理协会刘韬会长主持。

王早生会长表示此次秘书长会议的主题定位具有很强的针对性和指导意义，贴合当前监理行业发展实际。他指出行业发展需要对内对外多宣传，注重行业诚信自律体系建设，增加社会公众对监理行业的认同感；其次，需要正视中西部地区经济发展差异化现象，取长补短，通过兼并重组，跨行业融合、分区（州）管制等方式实现监理企业转型升级，推动企业提质增效，实现高质量发展；今后需要各地行业协会联起手来，坚定联合发展的信心，抓住机遇，共建共治，促进监理行业多元化发展。

最后王会长希望监理企业要一以贯之重视施工现场监管，各协会之间要加强沟通交流，改革是发展的趋势，也是发展的必然要求，行业协会应根据行业当前发展的情况引导行业整体走适合自身发展的道路。

甘肃省建设监理协会做了题为“监理行业信息化管理与发展——甘肃省智慧监理平台案例分享”的企业经验交流。

与会代表围绕“行业自律建设”会议主题，从不同层面进行深入交流，一致赞成协会间要本着“互信、合作、双赢”的原则，达成行业自律协作共识，共同维护监理市场秩序。会议现场内蒙古、新疆、福建、贵州、陕西、青海等省市地方协会代表初步达成建设监理行业自律共建机制。

一年一度的西部地区秘书长工作恳谈会已成为西部各地方协会沟通联动、共谋发展的重要渠道，在引导和推动行业发展方面发挥了积极作用。

（青海省建设监理协会 供稿）

中国建设监理协会《化工工程监理规程》转换团体标准验收会在山东淄博召开

2021 年 8 月 3 日，中国建设监理协会《化工工程监理规程》转换团体标准验收会在山东淄博召开。会议由中国建设监理协会化工分会副会长兼秘书长王红主持。

长沙华星建设监理有限公司总工程师王方正代表课题组做《化工工程监理规程》课题研究报告，山东鲁润志恒工程管理有限公司董事长张在春、广东国信工程监理集团有限公司总裁陈驰代表主编单位对规程预验收会议后修改落实情况进行了汇报。

验收组专家对《化工工程监理规程》逐章节内容进行了审查。一致认为：课题组提供的资料齐全，符合验收要求；课题组经广泛调查研究，反复论证，总结经验，在规程的条文中重点突出了化工工程监理特点，规程的内容、体例符合国家相关法律法规、标准要求，对监理人员的工作具有较高的指导作用，可操作性强，填补了我国化工工程监理标准的空白，达到了国内领先水平，对加强和规范我国化工工程监理具有重要意义。验收组一致同意《化工工程监理规程》通过审核验收并建议课题组根据专家意见进一步修改完善相关细节内容，尽快发布实施。

中国建设监理协会副会长兼秘书长王学军对《化工工程监理规程》编制工作给予了充分肯定，并希望课题组按照专家提出的意见抓紧修改完善，争取尽早为化工工程监理服务规范化发挥应有作用。

（中国建设监理协会化工分会 供稿）

广东省建设监理协会第五届二次会员代表大会暨五届二次理事会召开

2021 年 7 月 28 日下午，广东省建设监理协会第五届二次会员代表大会暨五届二次理事会在广州成功召开。广东省住房和城乡建设厅及建筑市场监管处处长周卓豪、广东省社会组织管理局监管处处长陈炯生、中国建设监理协会副会长兼秘书长王学军等出席会议并讲话。协会第五届理事会、监事会成员及会员代表，有关领导和嘉宾近 600 人参加会议。

会议审议通过了《广东省建设监理协会工作报告（2019 年 9 月—2021 年 6 月）》《广东省建设监理协会财务收支情况报告（2019 年 9 月—2021 年 6 月）》《广东省建设监理协会会员管理办法》《广东省建设监理协会理事会成员变更名单》《关于广东省建设监理协会会员退会有关问题的说明》《广东省建设监理协会会员减负降费办法》，表决通过了《广东省建设监理协会章程（修改草案）》。

中国建设监理协会副会长兼秘书长王学军对广东省建设监理协会近年来在为推进监理行业转型升级、可持续健康发展方面做的大量卓有成效的工作表示高度赞赏。对广东监理行业发展提出三点建议：一是坚持自信，切实履行监理职责；二是顺应改革，走适合监理企业发展的道路；三是严格履职，保障工程质量安全。他强调，监理行业发展必须坚定不移地走改革创新之路。监理企业要树立行业自信意识，加强诚信建设，向业务多元化、经营诚信化、管理信息化、工作标准化、服务智能化发展。协会要强化行业自律管理、加强标准化建设、提高信息化管理和智慧化服务能力，助力监理行业高质量发展。

（广东省建设监理协会　供稿）

中国铁道工程建设协会建设专业委员会“庆祝中国共产党成立100周年暨铁路推行监理制度30周年纪念会”在成都召开

2021 年 7 月 22 日—23 日，中国铁道工程建设协会在四川省成都召开“庆祝中国共产党成立 100 周年暨铁路推行监理制度 30 周年纪念会”。80 多家会员单位，150 多人参会。会议由中国铁道工程建设协会建设监理专业委员会主任麻京生，副主任齐林育、成跃利分别主持。成都大西南铁路监理有限公司董事长肖敏代表中国铁路成都局集团有限公司副总经理王嵩致辞。

中国建设监理协会副会长兼秘书长王学军对铁道监理委员会取得的成绩表示充分赞誉，并谈到要坚持“自信”，履行监理职责；顺应改革，走适合企业发展的道路；严格履职，保障工程质量安全。

中国铁道工程建设协会副理事长兼秘书长李学甫发表题为“不忘初心，牢记使命 铁路监理事业大有可为”的讲话。

监理委员会副主任吴晔宣读了“关于表扬铁路推行监理制度 30 周年优秀论文的决定”，在场领导为获奖者颁奖，共计 14 位同志在会上宣讲论文。

会议期间还组织了一场座谈会，对监理行业现状和监理作用发挥以及监理创新发展过程中的一些问题进行了讨论。

23 日上午，参会人员到西南交通大学参观高温超导磁悬浮交通研究的初期成果展示。

（中国铁道工程建设协会　供稿）

河南省建设监理协会党支部深入开展“我为会员办实事”活动

为扎实推进党史学习教育，河南省建设监理协会党支部把学习党史同解决实际问题相结合，深入开展“我为会员办实事”活动。

2021 年 7 月 2 日上午，河南省建设监理协会党支部在西宁组织召开了进青承揽业务的河南监理企业工作座谈会。青海省建设工程质量监督总站站长于杰，河南省建设监理协会党支部书记、会长孙惠民，青海省建设监理协会会长刘韬、秘书长韩蕾参加会议并讲话。进青承揽业务的河南监理企业分公司或项目负责人、总监等 30 余人参加座谈。

于杰站长充分肯定了进青河南监理企业为青海省建设监理行业的发展做出的贡献，并从遵守法律法规、诚信自律、现场监理重点关注的问题等几个方面提出针对性的建议。刘韬会长从行业协会的角度倡导大家遵守行业自律规则，加强从业人员的管理，稳定青海省建设监理行业市场秩序。

会议认真听取了进青承揽业务的河南监理企业工作中存在的问题和困难，以及改进的意见和建议。针对企业提出的企业内部管理、人才培养困难、招工难等问题，会议一一进行了解答和指导。

孙惠民书记强调各监理总公司要切实做好出省监理企业的管理工作，并从党建和业务两方面提出具体要求。

（河南省建设监理协会　供稿）

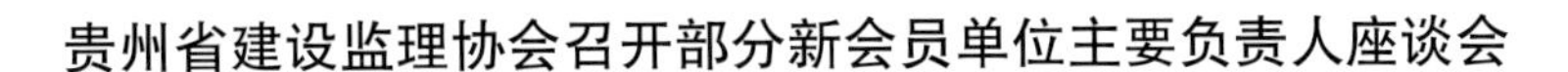

贵州省建设监理协会召开部分新会员单位主要负责人座谈会

2021 年 7 月 14 日下午，贵州省建设监理协会在贵阳市召开了近三年取得工程监理资质的新会员企业负责人座谈会。36 家会员单位的 43 位主要负责人参加了会议。协会会长杨国华、副会长兼自律委员会主任张雷雄、监事会主席周敬、协会专家委员会副主任王伟星、协会秘书长汤斌和副秘书长高汝扬出席了会议。

会议由汤斌秘书长主持。他向与会人员介绍了协会四届理事会的基本情况以及《贵州省建设工程监理行业自律公约》和《贵州省建设监理行业自律公约实施办法》。与会企业负责人代表企业签署了自律公约。

张雷雄副会长介绍了协会近年来在行业自律方面所做的工作。专家委员会王伟星副主任希望新会员企业能够学习把握协会的团体标准《建设工程监理文件资料编制与管理指南》和协会编写的《建设工程安全生产管理监理工作实务》。

杨国华会长做总结发言。对新会员企业的发展提出建议，同时希望新企业积极参与协会各种活动，遵守协会章程以及行业自律公约，履行会员的义务。

（贵州省建设监理协会　供稿）

云南省2020年度省级建筑施工安全生产标准化工地和工程质量管理标准化示范项目复核工作启动

2021 年 7 月 26 日下午，云南省建设监理协会在昆明组织召开了 2020 年度省级建筑施工安全生产标准化工地和工程质量管理标准化示范项目复核工作专家培训会。省住房和城乡建设厅工程质量安全监管处、建筑市场监管处等相关领导到会，省建设监理协会会长杨丽和 40 多位行业专家参加了培训会。

会议组织专家学习了工程质量安全标准化管理相关法律法规，详细讲解了复核工作重点、评分标准、得分计算方法、扣分要点及注意事项。此次复核工作共分为 8 个组，将于近期在省住房和城乡建设厅相关处室领导的带领下，分赴 16 个州（市）对 2020 年度申报的 300 多个项目进行现场复核。

会议强调，开展省级建筑施工安全生产标准化工地和工程质量管理标准化示范项目创建工作是提升云南省工程质量安全水平的有力举措，各复核工作组要坚持公平、公开、公正和优中选优的原则，切实把好的项目工地评选出来，确保复核工作质量；要严格遵守廉政规定和项目所在地疫情防控相关要求，确保复核工作安全廉洁。

（云南省建设监理协会　供稿）

广东省建设监理协会庆祝成立20周年暨中国共产党建党100周年庆典晚会隆重举行

2021 年 7 月 28 日，广东省建设监理协会庆祝成立 20 周年暨中国共产党建党 100 周年庆典晚会在广州隆重举行。协会会员代表、有关兄弟协会代表及特邀嘉宾近 600 人参加了盛会。

部分会员单位精彩编排演绎的歌曲、舞蹈、戏曲、小品、诗朗诵等形式多样的节目，生动展现了监理行业不畏艰险、拼搏奋进的时代精神。晚会以“感恩共成长，匠心筑梦行”为主题，通过“感恩成长”“乘风破浪”“匠心筑梦”“百年荣光”四个篇章的节目演绎，展现广东监理人敢为人先、奋勇拼搏、勇立潮头的时代行业精神，寄望广东监理人用非凡匠心筑梦美好未来。同时，晚会还通过演绎党史百年瞬间，传承红色基因，以时代奋斗者之姿，献礼建党百年。

此外，晚会现场还举行了“2021 广东省建设监理行业网络知识竞赛”颁奖仪式，50 家优胜会员单位的代表先后登台领奖，成为全场最高光时刻。

（广东省建设监理协会　供稿）

贵州省建设监理协会组织骨干企业负责人学习贯彻习近平总书记“七一”重要讲话精神

2021 年 7 月 15 日，贵州省建设监理协会组织骨干企业负责人召开专题学习会，学习贯彻习近平总书记在庆祝中国共产党成立 100 周年大会上的重要讲话精神。协会党支部、监事会、常务理事、专家委员会、自律委员会、全过程工程咨询委员会主任与副主任，遵义工作部、黔西南州工作部及秘书处全体工作人员共 50 余人参加学习。

协会秘书长汤斌，协会党支部书记、副秘书长高汝扬，协会监事会主席周敬等领导分别结合各自思想和工作实际进行交流发言。

会长杨国华做总结发言，强调把学习贯彻习近平总书记“七一”重要讲话精神作为当前和今后一个时期一项重大政治任务，作为提升行业整体理论水平，推动行业深化改革转型升级创新发展的强大思想动力，并对参会企业和协会秘书处今后工作提出了具体要求。

（贵州省建设监理协会　供稿）

云南省建设监理协会为会员单位举办系列公益知识讲座培训班

2021 年 6 月 21 日，由云南省建设监理协会为会员单位举办的《云南省建筑工程资料管理规程》（DBJ53/T—44—2021）公益宣贯在昆明举行。近 300 会员单位代表参加了讲座。

讲座根据新《规程》的 12 个章节和 6 个附录内容，从新《规程》的修订背景及过程，详细讲解了监理资料和施工资料的编制要点，并结合表单对工程资料中常见的问题和云技术在施工资料中的应用进行了举例分析和说明。

6 月 29 日，协会组织举办公益法律知识培训班，部分会员单位负责人和企业高管代表共 121 人参加了培训。

培训以《民法典》对工程监理行业的影响及应对为主题，从监理单位对工程质量监管、委托合同中因任意解除权造成损失的赔偿范围等 11 个方面阐述了《民法典》对工程监理行业的影响及应对建议，并结合大量实例，从走进劳动法律、建立劳动关系等六个方面为大家详细讲解了企业如何防控劳动用工风险。

（云南省建设监理协会　供稿）

天津市建设监理协会第四届八次理事会顺利召开

2021 年 8 月 19 日，天津市建设监理协会第四届八次理事会在天津顺利召开。协会理事长、副理事长、理事及监事会共 43 人出席会议。会议由协会副理事长吴树勇同志主持。

协会理事长郑立鑫同志做“天津市建设监理协会 2021 年度上半年工作报告”，安排 2021 下半年工作计划。审议通过“天津市建设监理协会 2021 年度上半年工作报告”“关于天津市建设监理协会党组织参与重大事项决策清单的议案”“关于推荐中国建设监理协会会员的办法的议案”“关于开展天津市建设监理协会成立二十周年纪念活动的议案”“关于变更天津市建设监理协会第四届理事会副理事长的议案”。

协会党支部书记、副理事长兼秘书长马明同志传达了市国资系统行业协会商会党委《关于国资系统行业协会严肃党规党纪加强廉政建设的通知》和《关于推行在行业协会理事会上建立党组织的通知》。

协会副理事长裴景辉同志宣读“天津市建设监理协会第四届八次理事会决议”。

（天津市建设监理协会　供稿）

湖北省建设监理协会赴结对帮扶村开展助力乡村振兴调研对接活动

2021 年 7 月 4 日，湖北省建设监理协会会长刘治栋带领协会副秘书长李胜炜等一行，赴恩施土家族苗族自治州巴东县野三关镇竹园淌村，开展助力乡村振兴结对帮扶工作调研对接活动。该村党支部书记、主任李罗平，副主任朱志贤等参加了回访座谈。

刘治栋会长在对接活动座谈会上表示，协会将积极参与助力乡村振兴，主动作为，以乡村旅游产业兴旺作为工作的出发点和落脚点，利用行业渠道资源优势，履行协会应尽的社会责任，推动竹园淌村建设与振兴。

会后，实地察看了协会捐资 3 万元修建的老年活动中心、相关村旅游配套设施建设和西红柿种植基地，细化协会后续拟开展的项目和设想，并向当地 5 户困难村民送去 6000 元慰问金。

（湖北省建设监理协会　供稿）

天津市建设监理协会党支部组织开展 “学党史办实事，高温酷暑送清凉”活动

为深入开展“我为群众办实事”主题活动，天津市建设监理协会党支部开展了“学党史办实事，高温酷暑送清凉”活动，慰问奋战在雄安新区的监理人。

协会理事长郑立鑫、党支部书记马明等协会领导参加了本次慰问。向坚守在暑热一线与高温奋战，为雄安新区建设付出辛勤汗水的监理人员表示了慰问与感谢，并送上慰问锦旗、慰问信和防暑降温用品，叮嘱大家做好疫情防控工作，合理安排作息时间，注意高温保护，劳逸结合。

本次共慰问了 9 家在雄安新区开展项目监理的会员单位。在慰问活动中，各企业纷纷表示，将继续保持监理人精神，主动担当作为、砥砺奋进，为建设“千年雄安”做出应有的贡献。

（天津市建设监理协会　供稿）

2021年6月9日—6月30日公布的工程建设标准

序号	标准编号	标准名称	发布日期	实施日期
国标				
1	GB 50072—2021	冷库设计标准	2021/6/28	2021/12/1
2	GB 50156—2021	汽车加油加气加氢站技术标准	2021/6/28	2021/12/1
3	GB 51445—2021	锑冶炼厂工艺设计标准	2021/6/28	2021/12/1
4	GB 51440—2021	冷库施工及验收标准	2021/6/28	2021/12/1
5	GB/T 50760—2021	数字集群通信工程技术标准	2021/6/28	2021/12/1
6	GB/T 51443—2021	铟冶炼回收工艺设计标准	2021/6/28	2021/12/1
7	GB/T 50532—2021	煤炭工业矿区机电设备修理设施设计标准	2021/6/28	2021/12/1
8	GB/T 51437—2021	风光储联合发电站设计标准	2021/6/28	2021/12/1
9	GB 50431—2020	带式输送机工程技术标准	2020/6/9	2021/3/1
10	GB/T 50549—2020	电厂标识系统编码标准	2020/6/9	2021/3/1
11	GB/T 50599—2020	灌区改造技术标准	2020/6/9	2021/3/1
12	GB/T 50485—2020	微灌工程技术标准	2020/6/9	2021/3/1
13	GB 50454—2020	航空发动机试车台设计标准	2020/6/9	2021/3/1
14	GB/T 50600—2020	渠道防渗衬砌工程技术标准	2020/6/9	2021/3/1
15	GB/T 51431—2020	移动通信基站工程技术标准	2020/6/9	2021/3/1
16	GB 50514—2020	非织造布工厂技术标准	2020/6/9	2021/3/1
17	GB 51432—2020	薄膜晶体管显示器件玻璃基板生产工厂设计标准	2020/6/9	2021/3/1
18	GB 50040—2020	动力机器基础设计标准	2020/6/9	2021/3/1
19	GB 51433—2020	公共建筑光纤宽带接入工程技术标准	2020/6/9	2021/3/1
20	GB 50190—2020	工业建筑振动控制设计标准	2020/6/9	2021/3/1
21	GB/T 51425—2020	森林火情瞭望监测系统设计标准	2020/6/9	2021/3/1
22	GB 50026—2020	工程测量标准	2020/6/9	2021/3/1
23	GB/T 50538—2020	埋地钢质管道防腐保温层技术标准	2020/6/9	2021/3/1
24	GB 50620—2020	粘胶纤维工厂技术标准	2020/6/9	2021/3/1
行标				
1	JGJ/T 489—2021	历史建筑数字化技术标准	2021/6/30	2021/10/1
2	JGJ/T 491—2021	装配式内装修技术标准	2021/6/30	2021/10/1
3	JGJ/T 490—2021	钢框架内填墙板结构技术标准	2021/6/30	2021/10/1
4	CJJ/T 310—2021	高速磁浮交通设计标准	2021/6/30	2021/10/1
5	JGJ/T 15—2021	早期推定混凝土强度试验方法标准	2021/6/30	2021/10/1
6	JGJ/T 231—2021	建筑施工承插型盘扣式钢管脚手架安全技术标准	2021/6/30	2021/10/1

本期焦点

中国建设监理协会项目监理机构经验交流会在成都召开

为进一步提高项目监理机构服务质量和水平，促进监理行业高质量可持续健康发展，2021年6月22日，由中国建设监理协会主办，四川省建设工程质量安全与监理协会协办的“项目监理机构经验交流会”在成都召开。来自全国260余名会员代表参加会议，中国建设监理协会会长王早生、副会长兼秘书长王学军、副会长雷开贵、副会长付静，四川省建设工程质量安全总站副站长周密、四川省建设工程质量安全与监理协会会长谭新亚出席会议。会议分别由中国建设监理协会副秘书长温健和副秘书长王月主持。

王早生会长做“不忘监理初心 狠抓质量安全 赢得社会信任”的报告，强调工程监理是工程质量安全的重要制度保障，分析了监理行业发展过程中存在的问题和挑战，要求大家进一步提高对质量安全工作重要性的认识，坚持质量为先，强化诚信自律意识，狠抓工程质量安全。通过加强信息化建设，不断提升企业后台与前端项目间的高效联动。同时要注重人才培养，建立有效的激励机制，以党建促进业务发展，号召监理人要不忘初心，勇于担当。

武汉华胜工程建设科技有限公司、中建西南咨询顾问有限公司、浙江江南工程管理股份有限公司、上海建科工程咨询有限公司、河南长城铁路工程建设咨询有限公司、国网江苏省电力工程咨询有限公司、北京双圆工程咨询监理有限公司、中国水利水电建设工程咨询北京有限公司、西安高新建设监理有限责任公司等9家单位结合不同项目与大家分享了他们的经验与做法。

中国建设监理协会副会长兼秘书长王学军做总结发言。强调要提高思想政治觉悟，强化责任担当意识，扎实推进项目监理机构建设，将诚信化经营、信息化管理、标准化服务和智慧化监理落实到项目监理机构，履行好监理职能，肩负起工程项目建设监理的责任。

关于印发协会领导在“项目监理机构经验交流会”会上讲话的通知

中建监协〔2021〕43号

各省、自治区、直辖市建设监理协会，有关行业建设监理专业委员会，中国建设监理协会各分会：

为进一步落实《国务院办公厅关于促进建筑业持续健康发展的意见》（国办发〔2017〕19号）、《国务院办公厅转发住房城乡建设部关于完善质量保障体系提升建筑工程品质指导意见的通知》（国办函〔2019〕92号），为提升项目监理机构的服务质量和水平，促进监理行业高质量可持续健康发展，2021年6月22日，中国建设监理协会在成都召开“项目监理机构经验交流会”。现将王早生会长和王学军副会长兼秘书长在本次会议上的讲话印发给你们，供参考。

附件：1.王早生会长在项目监理机构经验交流会上的讲话

2.王学军副会长兼秘书长在项目监理机构经验交流会上的总结发言

中国建设监理协会

2021年6月28日

附件1：

不忘监理初心 狠抓质量安全 赢得社会信任

王早生会长在项目监理机构经验交流会上的讲话

2021年6月22日

各位同行：

大家上午好！刚才四川省建设工程质量安全总站副站长周密和四川省建设工程质量安全与监理协会会长谭新亚做了致辞，由于他们都是长期在建设工程领域工作，对工程建设，包括工程监理行业，都有深刻的认识和了解，因此能够从不同的角度来看待监理的作用，有针对性地指出存在的问题。今天我们召开项目监理机构经验交流会，全面深入探讨如何进一步提高监理工作的质量和水平，这对于提升监理队伍素质，进而促进监理行业高质量发展具有重要意义。项目监理机构是监理企业派驻施工现场负责履行监理职责的一线队伍，代表了监理企业的形象。一个项目监理机构工作的好坏，不仅直接影响这个企业的信誉，甚至会影响整个监理行业的形象。工程监理制度是改革开放的产物，是一项重要的工程建设管理模式的制度改革。但是再好的顶层设计，如果不在基层落实好，流于形式，则会失去存在的意义。因此，我们只有扎实做好各项监理工作，狠抓质量和安全，为业主提供高水平的监理服务，体现出自身的价值，才可能赢得业主和社会的信任。我们要实现监理行业高质量发展，项目监理机构的工作质量和水平至关重要。

我今天的讲话，侧重于强调质量安全。主要考虑两方面，一方面是这次会议的主题是项目监理机构在项目现场的工作，现场有许多监理工作，但质量安全一定是我们的重点。另一方面，协会近几年召开过若干次转型升级的专题经验交流会议，例如2018年在贵阳召开的“全过程工程咨询与项目管理经验交流会”、2019年在南宁召开的“工程监理与工程咨询经验交流会”、2020年在西安召开的“监理企业信息化管理和智慧化服务现场经验交流会”等，因此这次我就以项目监理机构在现场工作中的质量安全管理为主要内容来讲。在各单位做经验交流之前，我先谈几点意见供大家参考。

一、工程监理是工程质量安全的重要制度保障

工程监理制度在我国实施三十多年来，在工程建设中发挥了不可替代的重要作用。一切发展都是为了满足人民群众的需求，工程监理行业的发展也不例外。在我国经济高速发展、推进城镇化以及大量基础设施和工程建设中，一大批铁路、公路、城市基础设施项目，住宅和公共建筑项目，工业项目陆续建成投入使用，特别是北京奥运场馆、上海世博园区、京沪高铁、港珠澳大桥、北京大兴机场等一大批代表当今世界先进水平的“高、深、大、难”工程项目的建成，不仅凝结了工程勘察、设计、施工行业人员的智慧和力量，也凝结了全国工程监理行业130万监理人的心血和汗水。工程监理在保障我国建设工程质量安全、强化安全生产管理、提高建设工程投资效益、保护人民生命和国家财产安全等方面发挥了显著作用，为我国建筑业发展、经济社会发展以及提高人民生活水平、增强国家的综合国力等各个方面都做出了积极贡献。这是全体监理人引以为傲的卓越贡献。

2019年监理统计数据显示，我国境内在建项目约60万个，其中新开工项目约30万个，必须实行监理的项目数量约45万个。但在建设规模飞速发展的同时，我们也要清醒地看到，建筑行业也面临着不时发生安全生产事故、质量不尽如人意的问题，质量安全形势依然严峻。在这种情况下，工程监理作为工程质量安全的一项重要制度保障，对建设工程项目进行全过程控制和监督，对于保障工程质量和安全生产，其重要性不容置疑。因此，监理只能加强，不能削弱，更不能取消。大家思想上要有坚定的信念。

二、监理行业面临的问题和挑战

我国监理行业发展态势整体向好。2019年全国共有工程监理企业8469家，监理企业承揽合同额8500亿元，全国营业收入5994.48亿元，与上年相比增长38.94%。工程监理人员人均年收入18.52万元，较上年增长10.17%。监理行业规模和经营范围在不断扩大，企业营业收入和监理人员人均年收入水平稳步上升。但是在发展过程中也存在下面这些问题：

一是恶性低价竞争。部分企业以压低投标报价、恶性竞争等方式获得监理项目，实际又不按合同履约，不合理低价与劣质服务、企业信誉下降与人才流失相伴而生，形成恶性循环。

二是履职尽责不到位。有的监理人员素质较低，做出一些不专业、不自律、不诚信乃至违法的行为严重损害监理形象，使得社会、业主对监理充满诟病，甚至对监理制度失去信心，不时冒出“监理无用”“取消监理”的言论。

三是行业基础较薄弱。工程监理涉及的领域众多、专业性强，但现状是工程监理行业基础较薄弱，尤其是标准建设严重滞后，缺少专业性强、可操作的规定。社会各界对工程监理的定位和工程监理单位应承担的职责也缺乏共识。

四是在新形势下面临新挑战。越来越多的客户需要项目的投资前期研究、准备性服务，执行服务和后评估等咨询服务，而这些业务都是目前大多数监理企业不熟悉的。同时企业信息化水平不高、综合协调管理能力不强，工作方式三十年基本不变。装备简陋、专业性不强、作用不突出、效果不明显等问题不解决，监理企业的转型升级、创新发展就是一纸空谈。

监理企业要发展，就要处理好经济基础与上层建筑、生产力与生产关系之间的辩证关系。上层建筑和生产关系方面，落实到企业管理，就是要建立健全良好机制，例如绩效、股权等激励机制。生产力方面，科学技术是第一生产力，要将信息化建设作为企业发展的主攻方向，企业才能插上腾飞的翅膀。

三、不忘监理初心，狠抓工程质量安全

党的十九届五中全会提出，“十四五”时期经济社会发展要以推动高质量发展为主题。高质量发展，对我们监理来说，就是克服发展瓶颈、创新发展优势、转换增长动力，依靠创新，向科技要效益、向管理要效益、向人才要效益。但是无论如何创新，我们都应该不忘监理初心，承担好施工阶段的质量安全管理职责，履行好监理的社会责任。我们要以立足施工阶段监理为根本，这历来都是监理的主战场，也是监理区别于设计、造价等其他兄弟行业的优势所在。做好施工阶段的质量安全管理工作与转型升级做全过程工程咨询并不矛盾，而是可以互相促进发展的。

面对监理行业存在的问题，我们必须抓住重点，解决问题。有为才能有位，我们要努力加强“补短板、扩规模、强基础、树正气”，苦练内功，增强自身的

技术水平和精神力量，提升监理履职能力，夯实高质量发展基础。

（一）进一步提高对质量安全工作重要性的认识

质量和安全是一切工程项目的生命线，确保工程质量和安全，不仅是建设问题、经济问题，也是民生问题、政治问题。企业是市场的主体，是法人，对质量安全问题要承担相应的市场主体责任。法定代表人对质量安全管理负有全面领导责任，不仅要抓好企业的经营效益，也要抓好监理服务的质量，确保两手抓，两手都要硬，否则出了问题也要承担相应的责任。我们要牢牢立足保障工程质量安全这个监理工作的出发点和落脚点，严格落实企业主体责任，把质量安全作为监理的核心职责，建立纵向到底、横向到边的全方位、全过程的质量安全管控机制，促使项目监理机构和监理人员在履职中时刻保持警觉，时刻牢记质量安全使命。

（二）牢固树立客户利益至上、质量为先、至诚至信的理念

监理企业是因业主和项目的需求而存在和发展的，如果忽视了业主的利益，那就是竭泽而渔的做法。质量为先，就要确保工程的质量。至诚至信，就是我们在提供监理服务的时候要讲诚信，按合同履约。监理企业在建设企业文化时，一定要树立客户利益至上、质量为先、至诚至信的理念，要让每个员工真正领会其中的内涵，入脑入心，体现到每个项目、每件小事上。

（三）注重人才培养，打造学习型组织

监理属于知识密集型行业，监理人员必须具备坚实的理论基础和丰富的实践经验，既要了解技术、经济、法律、管理等多学科理论知识，又要能够公正地提出建议、做出判断和决策。要适应社会和企业发展需求，唯一有效的途径就是加强人才培养，更新知识结构，掌握前沿性科学技术等多种技能，从而提高人员综合素质，将人才优势转化为市场优势，增强企业核心竞争力，满足市场和人才发展的需求，实现持续向前发展。

企业应该以项目监理机构为落脚点，积极创建学习型组织，在日常监理工作中及时总结经验，发扬“传帮带”精神，将企业内部优秀的经验做法共享，发挥示范作用。同时，加强同行间的学习交流，相互借鉴。我们今天也正是出于这样的目的，把大家召集在一起，多交流、多沟通。

（四）加强内部管理，建立有效的激励机制

随着市场经济的不断发展，企业之间的竞争日趋激烈。企业之间的竞争就是人才的竞争，企业要想长久发展就必须建立有效的激励机制，包括绩效、股权、晋升通道、奖惩考核等，激励人才，创造价值。建立激励机制的目的，就是要正确地引导员工的工作动机，使他们在实现企业目标的同时实现自身的价值，增加其满意度，从而使他们的积极性和创造性持续保持和发扬下去。建立激励机制的核心，就是把个人为项目做出的业绩与个人利益联系在一起，其本质是要使个人的行为成为能促进企业提升效益的行为。因此激励机制的好坏在一定程度上是决定项目成败的一个重要因素，企业应加强内部管理，建立一套行之有效的激励奖惩体系，形成“有岗、有责、有流程、有评议、有奖惩”的工作机制，实现制度、机构、岗位、人员、责任的有机结合。坚持以人为本，强化物质激励的同时，要重视精神激励的作用，强调公平性，讲求差异性，适度拉开激励层次，鼓励先进，勉励后进，奖惩分明。通过人才激励，树立榜样作用，使员工获得归属感和自我价值实现。

（五）强化诚信自律意识，树立监理行业形象

监理的职责包含“监督”“管理”，“监督”“管理”就要树正气。“打铁先要自身硬”，干监理就得要正气突出、作风过硬。“九层之台，起于累土”。诚信不是一朝一夕形成的，不可能一蹴而就。我们一定要持之以恒，从现在做起，从我做起，从小事做起，从而化风成俗，让诚信在行业内蔚然成风，以实际行动树立起诚信经营、公平竞争的良好形象，赢得社会的信任。

（六）加强信息化建设，助力监管提质增效

进入信息化时代，市场竞争日趋激烈。信息化在促进企业高效发展、提升企业核心竞争力方面发挥着举足轻重的作用，是企业实现长期持续发展的重要驱动力，也是实现标准化、规范化发展的必由之路。信息化建设与企业做精做专是相互促进的关系。目前大多数监理企业的信息化水平还不高，监理企业应提高思想站位，高度重视企业信息化建设，以信息化助力企业实现“精前端、强后台”的项目协同管理模式。精前端就是借助信息化和智能化的手段，打造信息化智能化项目监理机构，配备具备项目管理技术、领导能力、战略与商务分析能力的精前端人才，提升现场监理履职能力，为业主提供高质量的信息化监理服务。例如通过施工现场巡查穿戴

设备、无人机巡查、实时监控、物联网、AI人工智能等信息系统和装备，实现管理决策有依据、执行记录真实可追溯、问题监督反馈有闭环；通过BIM技术从时间、空间维度实现项目进度、质量、造价等要素管理一体化，实现管理可视化、可量化。强后台，就是要加强企业总部支撑，发挥技术、管理等各种资源支撑的作用，实现信息资源整合统一。通过监理信息化平台和移动通信设备，实现协同工作，及时准确了解项目现场实际工作状态，实现前方有管理、后方有支撑的管理模式，不断提升企业后台与前端项目间的高效联动。总而言之，没有信息化，企业做不大。

（七）以党建促发展，坚定理想信念

在革命战争时期，红军之所以艰难奋战而不涣散，“支部建在连上”是一个根本保障，全军上下一条心，提升了战斗力，这体现了加强基层党建的重要性。我们现在也是这样，企业的想法和政府部门、业主的想法要一致，企业总部的想法要渗透、传导到每个项目上。企业要建立健全基层党组织，将党支部建在项目上，把党的活动与生产经营有机融合起来，为开展廉洁自律工作提供有力保障。项目监理机构作为落实公司决策的最后一环，要在确保工程建设质量安全方面充分发挥战斗堡垒作用。发挥好党员作为项目监理机构“关键少数”的先锋引领作用，项目监理机构就有了骨干力量，完成工作就有了重要依托，才能做到以党建强引领发展强。党建工作抓实了就是生产力，抓好了就是凝聚力，抓细了就是竞争力。

同志们，要实现监理行业的高质量发展，要有企业现代化、规模经济的支撑。企业要规模发展，就要有稳定的项目监理机构为基础。项目监理机构的稳定又是建立在人员高素质、服务高效能、绩效相匹配的一系列制度的基础之上。因此，我衷心地希望每一位监理人都要有深耕于基层刻苦钻研的精神，要不断扩充理论知识，学习新技术、新方法，将理论和实践相结合，提高项目监理机构工作水平，创造监理价值，树立监理形象，打造监理品牌。

任何时候我们都要不忘监理初心，勇于担当，提高政治站位和思想认识，努力做好监理工作，不辜负国家、社会的期望；诚信经营、诚信执业，对国家负责，对社会负责，对人民负责，为促进建设事业高质量发展做出监理人艰苦扎实地不懈努力。

附件2：

王学军副会长兼秘书长在项目监理机构经验交流会上的总结发言

2021年6月22日

各位领导、各位代表：

今天，中国建设监理协会在成都召开项目监理机构经验交流会，目的是引导会员单位进一步重视和加强项目监理机构的内部建设，提高监理服务质量，体现监理价值，树立良好形象。四川省建设工程质量安全总站副站长周密代表四川省住房和城乡建设厅出席本次会议并介绍了四川省监理行业发展概况、存在的问题和改革的举措。王早生会长在会上做“不忘监理初心 狠抓质量安全 赢得社会信任”的报告，他强调监理是工程建设事业高质量发展的重要力量，分析了监理行业发展过程中存在的问题和遇到的挑战，要求大家狠抓工程质量安全，打造信息化智能化项目监理机构，不断提升企业后台与前端项目间的高效联动，他提出以党建促业务发展，号召监理人要不忘初心，勇于担当。我们要认真思考并学习领会。

这次会议的交流材料比较丰富，共收到八十余篇推荐材料，选出了六十篇汇编成册，其中有九家单位在大会上结合项目的实践与大家分享了他们的经验与做法。

武汉华胜工程建设科技有限公司介绍了武汉火神山医院建设监理咨询服务实践，他们在疫情最为严重的时候逆行而上，临危受命，发扬监理人向人民负责、勇于奉献的精神，克服各种困难，发挥党组织战斗堡垒作用，充分运用信息化手段实施监理服务，展现了勇于担当的社会责任感和使命感，成为火神山医院建设单位可信赖的伙伴，为监理行业赢得了荣誉，树立了榜样，值得所有监理人学习。

在项目监理机构开展全过程工程咨询实践方面，浙江江南工程管理股份有限公司介绍了住房和城乡建设部首批全过程工程咨询试点项目深圳中山大学建设工程项目的全过程工程实践，该项目打破传统思维，加强项目党的建设，提出咨询增值服务方案并探索出一系列行之有效的管理方法。北京双圆工程咨询监理有限公司结合雄安商务服务中心建设项目总结了全过程工程咨询模式下采取监督与帮助相结合进行质量监管和群防群治进行安全生产管理方面的做法。

在项目监理机构运用信息化管理实践方面，河南长城铁路工程建设咨询有限公司结合京雄城际铁路项目，介绍项目监理机构运用信息化管理实践经验，注重团队建设，强化过程管控，借助信息化管理和智能化技术，提高监理服务效能的做法。中建西南咨询顾问有限公司结合成都天府国际机场航站楼监理工作实践，介绍了其针对项目特色，强化组织保障，通过围绕工期主线，强化时序管理和接口统筹等管理创新，运用无人机与BIM结合放线机器人、3D扫描模型等信息化技术保障工程按期完成，为业主提供高质量的监理咨询服务的做法。

在项目监理机构安全管理的实践方面，上海建科工程咨询有限公司以大型体育场馆项目群为例，介绍项目监理机构安全管理的实践经验，归纳总结了大型体育场馆项目群安全风险特点及难点，提出以总监为核心的“岛链式联防联控工作模式”，确保安全风险管理工作有效畅通和安全风险有效解决的做法。中国水利水电建设工程咨询北京有限公司介绍了在金寨抽水蓄能电站安全管理实践中，运用“一岗双责”管理模式、通过监督和激励机制保障双责落实，总结提出“安全老大难，老大重视就不难”的经验。

国网江苏省电力工程咨询有限公司介绍了苏通GIL综合管廊工程项目监理实践，该项目是世界上首个特高压GIL输电工程，没有成熟监管经验。该项目监理机构充分发挥主观能动性，采用“智慧工地”系统，规范化地开展监理工作，为苏通GIL综合管廊工程安全、高质量顺利投运做出了重要贡献，同时为电力管廊隧道与特高压GIL施工监理创造出了具有标杆作用的经验。

西安高新建设监理有限责任公司结合西安高新国际会议中心项目，介绍了项目监理机构通过参与设计技术方案的论证，工艺分析、工法操作和经济性比对；利用安全风险评估等措施推动项目进度、质量、安全管控，为业主提供高质量服务的做法。

上述九家会员单位从不同的方面与大家分享了他们在项目管理中的经验和做法，值得大家学习和借鉴。由于时间关系，还有北京希达工程管理咨询有限公司等单位未在大会上交流，我们已把这些优秀的经验做法汇编成册，供大家学习借鉴。

本次项目监理机构经验交流会，达到了相互学习、相互促进、共同发展、提高项目监理机构服务水平的目的，对未来项目监理机构工作将起到积极的促进作用。

下面我讲几点意见供大家参考：

一、提高思想政治觉悟，强化责任担当意识

工程监理是业务工作，关系工程质量和投资效益，也是关系人民生命财产安全的政治工作。因此监理工作者要认真学习贯彻习近平新时代中国特色社会主义思想，树立工程监理向社会负责、向人民负责、向历史负责的精神，勇于担当，积极作为。工程监理法定职责是国家赋予监理人的神圣职责，也是政治任务，必须高质量完成。监理人员要牢固树立创新发展理念，落实高质量发展要求。把党和国家在新时期对工程建设提出的重要思想、重大举措贯彻到工程监理、工程咨询和项目管理的工作中。监理人员要进一步提高工程监理政治站位，增强服务党和国家工程建设工作大局的政治自觉和行动自觉，继续坚持监理人向社会负责、技术求精、坚持原则、勇于奉献、开拓创新的精神，以对历史、对国家、对人民、对监理事业高度负责的态度，积极营造全行业人人重视质量安全、人人维护质量安全的良好氛围，自觉履行质量安全法定职责，强化质量安全管控，打造经得起历史检验的优质工程，让党和人民满意。

二、坚定信念，扎实推进项目监理机构建设

改革开放以来，我国经济建设高速发展，国家大力投入大型基础设施项目建设，国家面貌日新月异。现阶段我国还处在快速建设高质量发展时期，工程项目多、工程规模大、复杂程度高，在现阶段国家法制不健全，社会诚信意识不强，建筑市场管理不完全规范情况下，监理队伍仍然是保障工程质量安全不可或缺的一支力量。监理人员要牢固树立监理制度自信、工作自信、能力自信、发展自信，坚持不忘初心，强化责任担当，扎实推进项目监理机构建设，发挥总监理工程师在项目监理机构的核心作用。

项目监理机构要按照法律法规、强制性标准和合同约定，认真做好“三控”（质量、投资、进度控制）、“两管”（合同、信息管理）、“一协调”（协调工程建设有关各方关系）的监理职责和履行生产安全管理的法定义务，严格落实旁站、平行检验、巡视等监理工作要求，特别是对施工方案审查、材料进场的检验，对施工企业及作业人员资质、资格的审核，以及隐蔽工程验收等关键环节要严格把关，切实做好监理服务工作。

同时，项目监理机构要积极发挥监理人员的主观能动性，主动学习新知识、新技术、新方法，做到专业精通，以理论指导实践，在实践中总结经验，不断提升监理人员业务员素质，提升项目监理机构履职能力。

三、正确对待存在问题，加强自身建设

工程监理事业在发展中出现了一些突出问题，制约了行业健康发展，如“责权利”不对等的问题，由于体制机制限制有些问题目前尚难以解决。目前房建工程监理费用低、人员素质不高、履职不到位等问题，引发监理服务质量与业主需求之间的矛盾也较为突出，严重影响行业信誉、形象和健康发展。为解决此类问题，提高监理服务能力和水平，协会一方面向政府主管部门反映会员的诉求，另一方面加大团体标准建设力度。去年协会发布了《房屋建筑工程监理工作标准》等五个标准，经过一年的试运行，今年将正式转为团体标准。今年，《城市道路工程监理工作标准》等四个标准已在行业试行，试行中如遇到问题，及时向协会反馈，以便完善团体标准，更好地促进监理服务水平的提高。

监理企业只有努力解决自身存在的问题，不断强化能力建设，发挥现场监管作用，体现监理价值，明确发展方向，才能在市场经济中保持竞争优势。

四、抓住机遇，顺应改革发展

随着“放管服”深化改革和高质量发展的推进，国家改革举措陆续出台。2021年6月3日，国务院发布了《国务院关于深化“证照分离”改革进一步激发市场主体发展活力的通知》（国发〔2021〕7号），将工程监理企业资质由三级调整为两级，取消丙级资质，相应调整乙级资质的许可条件；取消住房和城乡建设部门审批的监理事务所资质和公路、水利水电、港口与航道、农林工程专业监理资质；同时取消人民防空工程监理资质认定。国家通过一系列重要举措激发市场活力，目的就是遏制人为因素，发挥市场在资源配置中的决定作用。社会主义市场经济环境下，企业间的竞争，不仅是企业实力、业绩、人才等硬件竞争，更重要的是企业信誉、职业道德、企业文化等软件的竞争。大型监理企业要更加注重企业文化和企业信誉，以寻求更广阔的发展空间。中小监理企业要向做专、做精、做强方向发展，做出自己的品牌，谋求在某一专业领域占据制高点，掌握发展的主动权。工程造价资质取消后，监理成为工程咨询服务唯一具有行政审批资质的行业，说明它在工程项目建设中的重要地位，监理应承担起工程建设监督与管理的重任，保障工程质量安全，造福人民大众。

五、坚持诚信经营，树立行业形象

诚者，天之道也；思诚者，人之道也。重承诺、守信用的良好社会风气正在形成，人无信不立，企无信不兴，诚信经营、诚信执业越来越被社会和行业重视。建设行政主管部门也在采取措施促进诚信建设，大部分省市建立了建筑市场监管与诚信信息平台，企业信用情况向社会公示。有的地方对信用好的企业在招标投标时给予加分，有的地方对信用不好的企业限制进入本地区建筑市场，有的地方加大对信用不好的企业履职行为检查力度等。

在诚信建设方面，自协会五届理事会以来，协会领导高度重视会员诚信体系建设，到目前为止，会员诚信体系基本建立，希望会员要认真落实行规公约，积极整改自身存在的职业道德方面的问题，共同促进监理行业健康发展。为推进行业诚信建设，协会去年开展的单位会员信用自评估活动，到目前为止，参加自评估的单位占会员总数的70%，其中80分以上的占94%，但还有30%的单位会员因种种原因未能参加自评估活动。希望会员要重视诚信建设，积极参加协会开展的信用自评估活动，走诚信经营、诚信执业的道路。协会也将对诚实守信的监理企业和监理人员，利用报刊、网络等媒体进行宣传，弘扬正气，传递正能量，引导监理行业健康诚信发展。

今年是建党100周年，也是“十四五”开局之年，工程监理经过30多年的实践，积累了丰富的经验，但随着国家对建设组织模式、建造方式、服务模式等领域深化改革，工程监理行业发展既面临机遇，也面临严峻挑战，我们要坚持以习近平新时代中国特色社会主义思想为指导，认真贯彻落实党的十九大精神，积极适应建筑业改革发展形势，促进建筑业高质量发展。监理企业要不断强化项目监理机构建设，将诚信化经营、信息化管理、标准化工作、智能化监理落实到项目监理机构，履行好监理职能，肩负起工程项目建设监理的责任，为祖国工程建设做出监理人应有的奉献！

谢谢大家。

浅谈弦支穹顶结构的施工监理控制

蒋啟华
云南城市建设工程咨询有限公司

摘　要：本文结合体育馆建设工程实际就弦支穹顶的结构特点及过程施工中的监理要点做了重点介绍。从对新工艺、新技术的知之甚少到对弦支穹顶的施工工艺质量控制点的坚实把控，最终把设计图转变成现实建筑艺术作品，弦支穹顶结构施工整个过程的管理理念及监理控制要点值得参考。

关键词：弦支穹顶；深化设计；方案优化；预应力监测

随着社会的进步发展，人民生活水平的提高，全民锻炼的活动开展如火如荼，各地开始兴建大型体育场馆，为全民健身提供了良好的活动场所。体育场馆内部空间大，结构复杂，屋顶多采用预应力钢结构、索膜结构、弦支穹顶结构，而笔者有幸参与了某学校体育场馆的建设，该场馆的屋面正是采用了弦支穹顶结构，作为国内为数不多的大跨弦支穹顶结构，施工有其亮点和难点。作为建设的参与者，笔者就弦支穹顶结构的施工监理控制做了梳理和思考，提供给大家参考。

一、工程概况

体育馆建筑面积为 7850.1m^2，占地建筑面积为 4427.2m^2，体育馆规模分类为中型，座位为 3003 个。主体结构为框架结构，基础为柱下独立承台连系梁基础，结构标高约 23m，跨度约 74.2m，四周雨篷采用双层网架，中间主体结构采用弦支穹顶结构，屋面为复合杆彩瓦。雨篷网架最大悬挑约 15.4m。弦支穹顶位于屋顶中间，投影为半径 37.1m 的圆形，网壳杆件之间采用焊接球连接，杆件主要为圆管式截面。弦支穹顶下部设置三道环索，环索位置与上部设置径向拉杆，拉杆主要采用钢拉杆，环索采用极限强度标准值 f_{ptk}=1670MPa 的钢丝束索。体育馆钢结构总量约为 500t（图 1）。

二、工程亮点和难点

（一）工程亮点

体育馆项目屋盖采用了弦支穹顶的设计方案，其弦支穹顶结构上部是一个球冠顶面的单层网壳，下部是径向高强度钢拉杆和环向高强度钢索，借助垂直的竖向撑杆支撑网壳。

单层网壳穹顶结构由于整体稳定性较差，对周边构件产生较大的水平外推力，需要在周边设置拉环梁，张拉整体索穹顶必须施加高预应力来保证结构形状的稳定，高预应力对周边构件产生较大的水平推力，需要在其周边设置受压环梁以平衡拉索预应力。单层网壳穹顶和弦支体系相结合就形成了弦支穹顶，弦支体系中索的应力，通过撑杆使单层网壳产生与使用荷载作用相反的位移，从而部分抵消了外荷载的作用；联系索与梁之间的撑杆对单层网壳起到了支撑作用，从而减小了单层网壳杆件的内力；另一方面下部的索负担了外荷载对单层网壳产生的外推力，从而不会对网壳边缘构件产生水平推力，整个结构形成一个自平衡的体系。

（二）工程难点

1. 弦支穹顶的结构预埋件多，且要

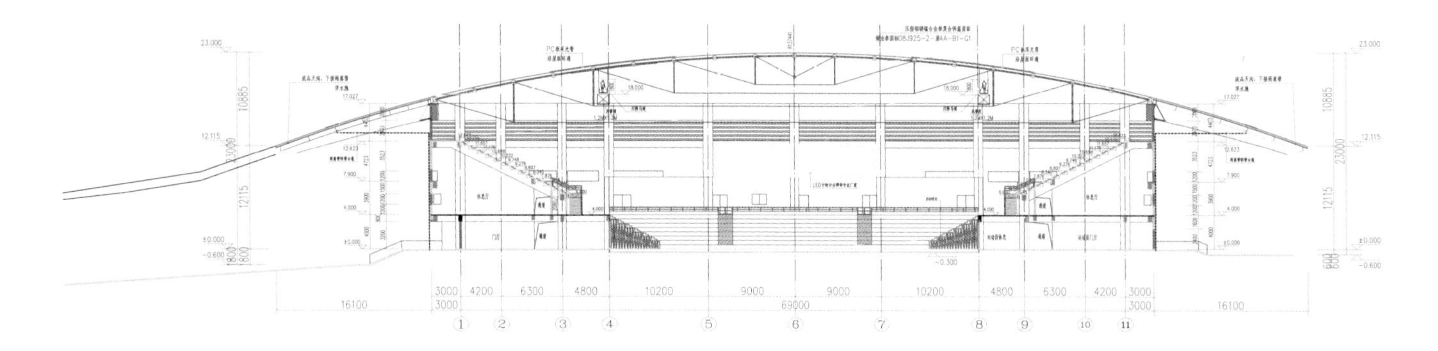

图1 体育馆剖面图

求精度高。体育馆弦支穹顶结构在顶部混凝土环梁内的预埋件多达上百件，有竖向预埋件和水平预埋件，如何精确定位预埋，并确保在混凝土浇筑过程中不发生位移，是施工的关键，这关系到弦支穹顶钢结构的安装质量。

2. 弦支穹顶结构安装涉及专业多，需要深化设计。弦支穹顶结构上除自身结构安装部分还涉及室内灯具、灯桥马道、风管等辅助设施设备的安装，因此在弦支穹顶结构安装放样加工前，需与其他专业进行对接，细化弦支穹顶的构件节点设计，如马道、灯具、风管与弦支穹顶杆件的连接大样等，确保安装顺利实施。

3. 弦支穹顶结构的施工工序复杂。弦支穹顶结构构件多，工序涉及杆件连接、预应力张拉、屋面钢结构构件组装的先后顺序及上部壳体结构构件安装成型后的张拉预应力控制等技术问题，需要编制专项施工方案，用计算机使用有限元计算软件 ANSYS 进行弦支穹顶结构的施工仿真计算，以期能很好地模拟该结构形式的施工过程，保证结构施工过程及结构使用期的安全性。

4. 弦支穹顶结构在施工过程中监测。由于弦支穹顶结构的特殊性，在未施加预应力之前，结构还不具有稳定的刚度。为达到结构受力均匀的目的，并且满足设计要求，使得同一圈的各段环向拉索都能够施加上相同的预应力，必须在张拉过程中进行施工监测。本工程主要有索力、杆应力监测和起拱值监测，如何做好施工过程监测，是该项工程的难点，需要设计、施工、监测方的多方配合协作。

针对梳理的工程技术难点，项目监理机构积极利用网络收集相关工程实例的信息，从蛛丝马迹中探寻解决方案，与建设方、施工方沟通交流，达成共识，为下一步工作的开展制定计划。

（三）针对弦支穹顶施工难点采取的应对措施

1. 认真熟悉图纸，梳理工程特点难点，制定工作计划。项目监理机构进场就对设计图纸进行了梳理，积极与设计院对接，了解掌握设计原理及规范，熟悉验收规范标准，掌握施工质量要点。

2. 针对工程特点、难点，积极收集施工技术资料，组织项目监理机构人员识别工程项目风险，分析研究对策，编制监理规划、细则指导开展项目管理工作。

3. 协助业主制定工作计划，参与招标投标文件及施工合同的拟定工作，为项目实施出谋划策。从设计方案、造价及合同入手，参与编制钢结构专业分包的招标文件，从企业资质、资信、人员、设备、施工技术标准及合同条款等多个方面精心策划，做好优质专业分包队伍的选拔。

4. 积极收集相关工程信息，带着问题与各参建方走出去考察弦支穹顶结构的体育场馆。

通过考察我们知道弦支穹顶结构的施工关键：一是结合结构特点做好二次深化设计，选择与钢构件合适配套的预应力锁具，做好预制钢构件，控制预埋精度，合理组织施工；二是钢构件安装过程中施工方案的选择与安装的精度控制；三是钢构件组装完成后预应力的张拉阶段，需要建模做张拉方案，根据设计人员过程张拉的要求，计算机模拟施工过程，优化张拉程序，确保达到设计人员要求的杆件应力值比；四是安装过程中引进第三方检测机构对弦支穹顶结构进行施工监测，确保各项指标达到设计要求。

5. 项目监理机构认真审核施工单位提交的施工专项方案，就其中的技术细节与施工方进行交流，利用聘请弦支穹顶领域的技术专家论证方案的机会，对施工控制难点进行技术确认，以制定监理控制要点。

三. 施工监理过程

（一）施工专业分包单位及产品供货商的选择

通过前期项目组的考察和准备，根据弦支穹顶的工程特点，项目监理机构协助业主在招标投标时提前策划：选择有实力的专业分包单位，在合同中约定对建筑材料供货商选择的基本条件和认定程序，确保工程有序推进。

（二）施工过程的技术准备

1. 对设计图纸进行深化设计

由于弦支穹顶结构复杂，专业分包单位组织人员对钢结构施工设计图进行了节点细化工作。弦支穹顶上部壳体是由节点球和弦杆组成，节点球总计 309 个，环锁节点 72 个。项目部结合张拉的施工工艺，对环索张拉节点进行了优化，将 PE 索改为高钒索，并采用现有成熟的预应力索锁具，为张拉的控制提供成熟的施工条件及工艺。同时对屋面采光板与铝镁锰复合板的衔接细部、马道等节点进行细化，以确保施工安装质量。通过项目现场人员计算机建模深化，项目监理机构参与审核，二次深化图纸通过了原设计单位的审核确认。

2. 编制、审核施工专项方案

弦支穹顶施工方案的编制、审核是项目的重点，通过前期考察和图纸深化设计的梳理，各方讨论对方案实施的重点达成共识：限于施工场地的条件及施工工艺的特点，弦支穹顶的安装采用高空散装法，需要搭设满堂脚手架作为载体；其次对于弦支穹顶结构的张拉，通过计算机建模模拟施工，拟采用同一环锁三阶段逐环张拉方式，以确保张拉形态及内力值达到设计要求。同时基于项目施工阶段的第三方监测及运营的健康监测，监理工程师协助业主选拔专业团队进场进行监测。

根据住房和城乡建设部第 37 号《危险性较大的分部分项工程安全管理规定》要求，结合本工程实际情况，体育馆网架跨度约为 74.2m，体育馆网架承重支撑体系用于钢结构安装等满堂支撑体系，承受单点集中荷载 700kg 以上，属超限论证范围。监理工程师督促施工单位按规编制施工专项方案，组织专家论证，报审备案后组织实施。

（三）施工总体工艺流程

混凝土柱顶锚栓 / 埋件预埋→支座安装→承重脚手架搭设→网架焊接球临时支撑布置、测量→焊接球网架由外而内逐圈安装、焊接→弦拉索由外而内依次张拉→拆除临时支撑与承重架脱开→外延雨篷网架安装→屋面系统安装。

施工组织设计审批时，监理工程师事前沟通，督促施工单位统筹部署，做好施工主要机械的选用：TC5610 型塔机（两台），塔机覆盖范围之外的区域，采用 50t 汽车式起重机辅助吊装。

（四）施工过程的监理管理

1. 弦支穹顶钢结构支座球预埋件的埋设

弦支穹顶结构屋面支座球预埋件的安装关系到钢结构在高空散装焊接的精度，对此施工单位选派两组专业测量人员用全站仪进行空间测量和复核，监理人员跟踪检查确保了预埋件安装质量。

2. 施工方案实施

1）弦支穹顶上层壳体脚手架搭设监理

对于脚手架的搭设，项目监理机构严格要求施工单位按批准方案报当地安监站备案后，可组织实施。从进场钢管、扣件见证取样送检，特殊工种人员进场报审，方案交底，过程搭设验收，到架体通过监理组织各方终验，监理工程师书面签字确认后，方允施工单位组织钢结构的安装施工（图 2）。

2）支座球定位焊接，上部壳体由外到内，由低到高逐层安装。

（1）满堂支撑架体系搭设施工完成，验收合格，钢结构准备开始安装施工作业。

（2）最外圈支座焊接球结构安装施工完毕，开始第二圈焊接球节点定位安装。

（3）安装施工最外圈支座与第二圈焊接球节点之间的弦杆结构。

（4）按同样方法，继续向中心安装穹顶第三排焊接球节点以及弦杆结构。

（5）按先前同样方法，继续向中心安装穹顶第四排、第五排焊接球节点以及弦杆结构。

（6）按先前同样方法，继续向中心

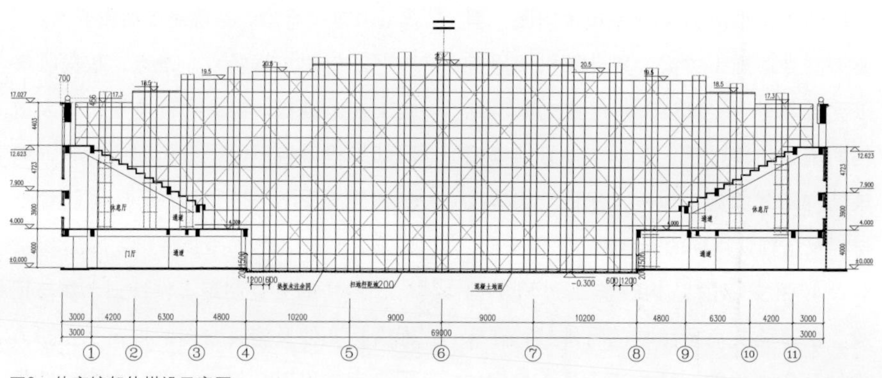

图2　体育馆架体搭设示意图

安装穹顶第六排～第九排焊接球节点以及弦杆结构。

（7）按先前同样方法，继续安装穹顶中央焊接球节点及弦杆结构，穹顶合拢。

（8）穹顶结构全部焊接施工完成，焊缝验收合格后，开始安装张弦支撑及拉索结构，并分级进行张拉。

节点球与杆件的焊接过程控制要点首先是环梁基座上节点球定位，然后是节点球间的径向杆件点焊安装，待所有上部节点球及杆件点焊安装完毕，方逐圈焊接原点焊的节点。在施焊过程中要求施工人员严格按设计要求及施工方案焊接节点，同时加强节点变形监测，确保安装精度在允许偏差范围内。监理工程师对进场材料、焊接材料、焊缝坡口质量、焊工人员等按图纸、方案进行检查验收，发现问题直接指出要求整改，经过严格检查验收，弦支穹顶上部杆件安装质量一次性达标（图3）。

3）顶升撑杆张拉索施工监理控制

体育馆弦索由三层、三圈组成，每一圈环形拉索包含24个撑杆，每个撑杆对应两道拉杆，每个撑杆布置一套张拉工装，一组工装包含一个液压同步千斤顶，共计24个千斤顶，组成一套液压顶升系统。沿撑杆周围预留4个施加预应力时千斤顶的安装孔，施工完成后采用腻子补平。

索采用工厂定制可调锚索，拉索与锁具根据放样一次加工成型，到现场只需做撑杆与锁具连接。

索张拉现场施工内容主要包括索和拉杆逐根牵引提升锚固、固定索和拉杆端部、分级分组顶升撑杆。

撑杆张拉弦索工艺流程：

（1）将拉杆、撑杆、环索安装在网架上，保持自然悬挂状态（过程中适时监测撑杆垂直度）。

（2）安装顶撑工装及液压系统，同圈撑杆同步顶升至设计预应力值。

（3）将撑杆下端上、下调节螺母拧紧。

（4）拆除液压系统及工装。

3. 预应力施工监测

1）施工监测目的

为保证钢结构的安装精度以及结构在施工期间的安全，并使钢索张拉的预应力状态与设计要求相符，必须对钢结构的安装精度、张拉过程中钢索的拉力及钢结构的应力与变形进行监测。

2）施工监测点设置

由于结构双向对称，故监测点可在左上角1/4区域布置监测点（图4）。

3）监测设备

（1）千斤顶张拉索力监测

索结构使用液压千斤顶牵引提升和张拉，由于千斤顶张拉油缸的液压和张拉力有直接关系，所以，只要测定张拉油缸的压力就可以求得拉索索力。使用0.4级精密压力表，并事先通过标定，根据压力表所示液压值和千斤顶张拉力之间的关系，测定的索力的精度可达到1%~2%。

（2）磁通量传感器索力监测

除了使用液压千斤顶监测索力外，索力控制点监测可采用拉索张力测量仪。EM测试索力的精度可达95%左右。EM传感器在测量索力的同时可以测量温度。

（3）位移监测

在预应力钢索提升过程中，索标高位置会随之变化，通过对索控制点的位移监测，从而对索结构体系的成型进行控制。

4）监测时间点

施工过程监测时间的选择是施工监测的重要内容，本工程施工的监测根据施工仿真计算的结果，将整个顶升过程

图3　节点球定位焊接

图4　监测点设施安装

划分为9个具体的工况，施工过程的监测时间选择在各个施工工况完成时，监测的内容包括：环索索力监测，外、中、内圈撑杆的竖向变形，提升钢绞线长度。

5）监测结果

分级张拉完成，经施工单位张拉前、张拉后自控施测的工况数据与第三方同济大学团队的监测数据对比分析，张拉达到设计预期效果，索力值偏差均控制在 +5% 以内，杆件受力值均在设计值偏差范围。弦支穹顶结构状态达到设计要求，可进行屋面系统的安装。施工监测持续直至屋面系统安装完成。弦支穹顶结构在屋面系统荷载完成后，根据第三方提供的分期监测数据分析，弦支穹顶结构施工完全达到设计要求（图5）。

结语

通过此次弦支穹顶结构体育馆的施工，笔者充分认识到只有提前策划，充分做好技术准备，以认真严谨的态度从人、机、料、环、法、测6个方面做好管理，设计成果才能成功地转换为完美的产品，满足人民大众日益丰富的物质文化需要。这也是我们城建咨询人砥砺前行的初心。

图5 完工后弦支穹顶

高架桥工程重难点监理管控技术措施的研究

何晓波

江西中昌工程咨询监理有限公司

摘　要：文章深入分析了洪都高架工程的重难点，结合实际总结了一系列市政工程管线迁改、交通疏解、节段拼装等工程监理管控的技术措施和管理措施，讨论了项目管理中存在的不足，给类似工程管理者参考。

关键词：重难点；监理管控；技术措施

一、工程概况

洪都高架是在现状洪都大道上，按城市快速路标准进行改造，项目位于南昌市老城区，场地有限，沿线企事业单位多，地下既有管线复杂。主线采用高架形式，预制节段拼装法施工。箱室之间后浇带宽 0.6m，采用逐跨拼装施工。标准等宽段和变宽段混凝土箱梁为纵向和横向双向预应力体系，体内、体外混合配束方式。

二、城市高架预制拼装重难点分析

（一）工程规模大、工期紧

洪都高架全长 7.6km，预制节段拼装箱梁共 5281 榀，架梁工期只有 10 个月，工期非常紧。

（二）节段梁架设施工复杂，对架桥机的性能要求高

高架桥下部采用花瓶墩，墩顶横梁呈大悬臂结构，架梁时需严格控制横梁的稳定，故需两幅箱梁同步架设。区段范围内两箱室梁中心距最小 5.0m，架桥机选择需考虑结构尺寸和站位要求。桥梁结构平曲线最小半径 400m，最大纵坡 3%，变宽段孔跨数量多，架桥机需适应小曲线半径、大纵坡、横移、稳定等方面的要求。

（三）节段拼装施工的成桥线型控制精度要求高，施工难度大

墩顶横梁为现场浇筑，节段梁在梁厂预制，墩顶横梁与节段梁衔接线型控制难。箱梁预应力体系采用体内、体外混合配束，节段拼装时需严格控制预应力孔道对接精度，否则将严重影响桥梁质量。梁面无混凝土铺装层，架梁线型将直接影响桥面铺装和成桥外观，故节段梁架设精度要求高，施工难度大。

（四）既有道路交通繁忙，交通导改难度大

洪都大道为老城区主干道，交通繁忙，日流量达 8000 辆以上。项目在老城区主干道上改造，施工红线范围狭窄。全线存在大量变宽段区域（即三箱室、四箱室），桥下投影范围大，架梁期间严重压缩交通导改范围，同时还需大面积管线施工，交通导改难度大。

（五）架梁施工特殊工况多，技术复杂

洪都高架现场条件复杂，造成桥梁跨径组合多，箱梁种类多（如钢箱梁、现浇梁等）；高架桥为了满足各路口的交通疏散功能，需设置多个上下桥匝道，造成高架桥结构和线型较为复杂（桥梁变宽、不同箱梁形式的衔接等）。

（六）大型特种设备高空作业安全风险大

架梁施工属于高空作业，同时节段箱梁架设施工属于特种设备作业施工，且位于市区主干道，存在机械伤害、物体打击、高处坠落等危险源，安全风险大。

（七）管线复杂迁改施工监理工作难度大

同一断面内需埋设33道管线，种类繁多，管线错综复杂。技术资料不准确，深化设计缺乏统筹，设计图纸指导性不足。作业场地受限，只能进行小范围施工；地下水丰富，既有管线繁杂，管线迁改施工条件差，施工难度大。涉及管线种类多，协调时，表现为迁改任务多、工作量大、涉及单位多、协调量大、协调难度高，造成管线迁改协调工作难且繁杂。

三、进度方面重难点监理管控措施

（一）建立进度控制体系

监理主要从以下几方面进行落实：

1. 审核总体进度计划，明确工期节点。细化工作节点，落实资源配备，明确责任人，做好监督检查。

2. 组织参建单位集中力量，突破工程的前置条件——管线迁改。

3. 对剩余工程量进行归纳，规定完成时间，落实调度。

4. 召开进度总结会，对工程进展进行点评和考核，部署施工任务，要求施工资源投入量，对考核结果进行奖惩。

（二）加强总结，优化施工组织

对节段梁架设进行写实，记录投入的资源，各道工序消耗时间及存在的问题。召开总结会，分析节段梁架设施工过程中存在的问题，并对施工技术和组织进行优化。

四、质量方面重难点监理管控技术措施

（一）架桥机选型监理控制技术措施

1. 深入研读设计图纸，领会设计意图

1）设计墩顶横梁支架时，结合架桥工况统一考虑墩顶横梁、支座及支架安全，并考虑横梁结构在架桥时的稳定问题。

2）在施工时，需充分考虑左右幅箱室架梁的同步性，在人员设备的配备，存梁、喂梁的顺序及场地的安排方面需统筹考虑，且桥机吊具的设计重量、桥机过孔设计的同步性等问题需考虑在内。

3）桥机选型时，需考虑桥机导梁的长度、桥机适用的架设跨径、支腿宽度、桥机横移、桥机微调功能等。

4）在架桥机选型时，架桥机总重量应满足设计要求。

2. 组织专家对拟用架桥机性能进行论证

为把控好架桥机性能需求，组织业主单位、各施工单位、设计单位、第三方监控单位、相关专家等召开架桥机选型专家论证会，并安排具有丰富节段梁架设施工经验的专家到场，充分对架桥机厂家提供的架桥机构造、性能进行分析和论证。

（二）节段拼装成桥线型监理控制措施

1. 择优第三方监控单位

建议业主聘请有丰富的节段梁架设监控经验和良好业绩的监控单位。其应负责节段梁的预制和架设线型的监控，每道工序施工前签发线型监控指令单，监理审核监控指令后，方可进入下道工序。

2. 建立线型监控管理制度，明确监控指令流转方式

召开线型监控协调会，建立线型监控管理制度，确定监控预警制度，监控指令的流转方式、复核方式等，并讨论确定线型监控参数和指标，线型纠偏措施等。

3. 实施全过程、精细化监理管控

监理人员对架桥施工实行全过程监理；监理人员按“监理工作制度”认真做好施工过程中巡查、检验、旁站、验收和资料整理等全方位、全环节的精细化监理。

4. 对影响拼装成桥线型关键质量控制点重点管控

主梁箱形截面重心与支座偏离较大，两台架桥机站在墩顶横梁左右两侧施工时，极易出现不平衡荷载和桥梁结构混凝土应力超限情况，从而造成桥梁成桥线型难保证，在管控时需数据化的手段对节段定位精度、成桥线型、混凝土结构应力进行监控。

（三）管线迁改施工监理管控技术措施

1. 既有管线探查及保护监理管控技术措施

迁改前，要进行横向探沟，确保拟迁改路由上不存在平行管线。横跨管线处理方法：（1）管线为柔性管时，采用工字钢、钢丝绳悬吊保护；（2）管线为刚性管时，一般直接横跨，若有接头另行处理。

2. 管线过路口的监理管控技术措施

为减少对交通的影响，采用小围挡，夜间10点后施工，次日5点前恢复交通。沟槽直接采用中粗砂回填，覆盖1cm钢板，保证车辆临时通行。若管线需混凝土包封时，加大上包封厚度至25cm再行回填砂，最后垫钢板恢复交通。

3. 交叉管线施工的监理管控技术措施

管线迁改中存在较多管线交叉，管线标高相近的交叉做法较难处理，一般有压管线避让无压管线、柔性管线避让刚性管线、风险小的管线避让风险大的管线。

五、安全方面重难点监理管控技术措施

（一）交通疏解监理管控措施

1. 架梁期间交通疏解监理管控措施

在政府部门批复的交通组织专项设计的基础上，为减轻施工对城市交通的影响程度，从优化施工方案、保证疏解道路数量和质量、调整交通组织等方面提出交通疏解对策，以保证架梁期间的道路通行。

2. 管线施工交通疏解监理采取的措施

管线施工期间对道路路幅局部改造和调整、合理优化路面交通组织，及时启动周边路网的交通疏解分流，可减轻施工期间道路的交通压力。

（二）复杂工况的架梁施工监理控制技术措施

1. 召开专题技术研讨会，确定架梁特殊工况技术措施

为了认真贯彻落实国家的有关法律法规的要求，监理部要求施工单位多次组织节段梁架设专家技术研讨会，对工程中存在的特殊工况进行重点讨论，并对项目团队提出的处理措施进行把关。特殊工况的处理措施如下：

1）变宽段架梁施工技术措施：4 幅一跨，先采用 2 台架桥机同步拼装左侧或右侧 2 片梁，拼装完成后，将架桥机同步向另一侧横移至相应位置，同步进行另一侧 2 片梁的拼装。对单侧加宽采用一台向外侧平移拼装，另一台向外侧移动适当位置起到平衡作用。

2）合流点架梁施工技术措施：为解决仅有单侧横梁的问题，在原有 0 号块支架的基础上进行改造，使桥机支腿临时占位。在墩顶横梁缺失的部位采用 700mm × 300mm 双拼 H 型钢在墩顶进行锚固，在砂筒和辅助墩立柱位置处增加 700mm × 300mm 的双拼 H 型钢作为横梁，在横梁上方根据架桥机站位设置 700mm × 300mm 的双拼 H 型钢作为立柱。

3）不同施工工艺衔接点架梁施工技术措施：因墩顶横梁单侧缺失导致桥机支腿局部悬空，施工方在原有 0 号块支架的基础上进行改造，在墩顶横梁缺失的部位使用 700mm × 300mm 的双拼 H 型钢进行锚固。

4）非适架跨径桥机跨越施工技术措施：在经过详细计算下，确定桥机过孔状态下最佳步距组合，并计算出支腿的最大反力。将工况下的最大反力提交给设计单位对结构安全进行核算，同时采用设置分配梁的方式减小集中力。

5）架桥机纵移过孔施工技术措施：桥机生产时应控制支腿的外形尺寸，但又要满足其功能的安全。

2. 召开专家论证会，对拟选用的技术措施可行性和可靠性进行论证

为了确保特殊工况的架梁技术措施可行且安全可靠，监理部多次组织业主单位、各施工单位、设计单位、相关专家等召开架桥特殊工况施工方案专家论证会，并要求各单位安排具有丰富节段梁架设施工程经验的专家到场，充分对架梁特殊工况的技术措施进行论证确认，以保证本项目特殊工况架梁施工的技术措施可行和可靠。

3. 特殊工况架梁施工落实条件验收制

为了确保特殊工况架梁施工的可靠实施，在特殊工况施工前落实好条件验收工作，组织各参建单位和质监站、安监站等部门相关人员对特殊工况实施前的主控条件和一般条件进行核查。条件验收会一致通过后，再行实施特殊工况的架梁施工。

4. 引进先进技术，提高特种设备安全保障

1）架桥作业和过孔状态下的不平衡荷载控制技术措施

为保证桥墩不偏载，用 1 台遥控器同时控制 2 台架桥机并机作业，将 2 台架桥机 0 号柱油路通过快速接头连通，油缸并联，过孔时保证 0 号柱支撑点压力基本相同。

2）架桥机提梁状态下的不平衡荷载控制技术措施

架梁作业时，通过可编程序控制器识别起重量限制器信号，设置一个不大于 10t 的偏差值，通过控制吊重差值保证 2 台架桥机行车起吊重量在设定的范围内。

（三）大型特种设备施工监理管控措施

1. 对危险性较大的施工方案落实好专家论证

架桥机安拆、节段梁架设等专项方案属超过一定规模的危险性较大分部分项工程，需落实专家评审制度。监理单位应重点审核此类施工方案。对施工方案的针对性和可操作性进行重点审核。督促承包方安排有理论、有实际经验的专家对方案进行评审。根据专家组意见，对原方案进行调整和完善后，正式报监理部审批。

2. 加强架桥机安拆施工监理把控

审核承包方的架桥机安装和拆除手册，监理密切跟踪现场安装和拆除的全过程，强化测量和监测的监理力度，密切跟踪架桥机稳定性监控，严把架桥机

试运行关和验收关。

3. 全面做好架桥机作业的日常安全监管

1）监理按“监理工作制度”认真做好施工过程中的巡查、检验、旁站、验收和资料整理等工作。

2）加强与业主、施工单位的工作沟通，成立安全检查巡视小组，定期进行安全联合检查，巡视检查发现的问题及时在工作群里通报，情节严重的要求停工整改。

六、洪都高架工程重难点监理管理成效和经验教训

（一）预制节段拼装箱梁施工监理成效

洪都高架采用预制节段拼装法施工缩短了工程建设周期，及早地满足了市民通车愿望，同时也按政府对本项目的工期节点完工。建设期间，从未中断过沿线交通，保证了广大市民对洪都大道的通行需求。通过监理部的有效安全管控，从开工至今实现了“零”起人员伤亡的目标；对危大工程，深入透彻地研究、论证，提前做好充分准备，落实条件验收，使各类危险工况得到顺利实施。监理部通过全过程、精细化、标准化的现场监理管控，使全线所有预制节段拼装箱梁均实现顺利合拢，成桥线型均符合设计要求。

（二）预制节段梁架设的监理管控经验教训和建议

1. 节段拼装箱梁施工监理经验小结

为了保证安全，首先需确保不平衡荷载不超限，可采用架桥机自身限载装置和桥梁结构应力监测以控制桥机作业的同步性，其次需要采用数据化的监控手段对架设过程中混凝土结构应力进行监控。

2. 预制节段拼装箱梁施工中的不足和建议

1）墩顶横梁与预制节段梁分场制作，施工精度不统一，体内应力孔道的定位和接顺存在困难。建议采用统一工程预制，以增强节段匹配性。

2）采用体内体外混合配束方式，增加了施工难度；节段拼装存在大量的接缝、封堵孔，体内束的质量和全桥预应力的耐久性存在一定风险。建议统一采用体外预应力束，同时设置备用预应力孔道和转向器，便于后期更换。

3）预应力张拉批次多且张拉批次的划分方式繁杂，影响节段梁架设工效，不利于现场控制。建议优化预应力设计，减少预应力张拉批次，减少张拉批次类别，实现预应力的标准化设计和施工。

复杂工程中的BIM技术应用

李毅
昆明建设咨询管理有限公司

引言

BIM 的提出和发展对建筑业的科技进步产生了重大影响。应用 BIM 技术有望大幅度提高建筑工程的集成化和效率，促进建筑业生产方式的转变，提高投资、设计、施工乃至整个工程生命期的质量和效率，提升科学决策管理水平。

在应用过程中，结合工程项目体量大、专业多、协调工作复杂的特点，可以实施集标准规范、协同流程、针对性方案以及深化成果为一体的 BIM 技术深化设计模式和管理流程。这样不但能保证基于 BIM 技术深化设计的有效实施，还能将建设单位、设计、总包和分包等各参与单位的沟通协作统一在 BIM 模型提供的三维平台上进行，为项目开创了一种全新的技术管理模式，提升了项目部的整体管理水平。

在本项目地下工程实施的前期，分别在基坑设计施工图纸和主体建筑初步设计图纸全面阅读的基础上，用准确的基础数据分类建立信息模型，借助软件碰撞检查功能，形成实体模型参数，完成临时结构与永久结构之间的构件碰撞检查工作，查找碰撞点或面并输出碰撞报告，为不拆除基坑内支撑体系工况下进行地下主体结构施工的方案优化创造了条件，为建设单位和设计单位提供了决策依据，实现了经济效益、社会效益、环境效益的和谐统一。

一、工程概况

本复杂工程位于昆明 CBD 核心区，场地为拓东路、盘龙江、东风东路、北京路所围合，地上总建筑面积 455872.39m^2。5 层地下室，建筑面积为 129730.37m^2。本工程基坑呈不规则多边形，东西宽 134~170m，南北长近 248m，设计安全等级为一级，基坑上部围护结构的设计使用年限为 2 年，地下连续墙与主体地下结构外墙两墙合一，设计使用年限 50 年。基坑总面积为 33389.12m^2，周长为 857m，基坑深度为 22.6m（图 1）。

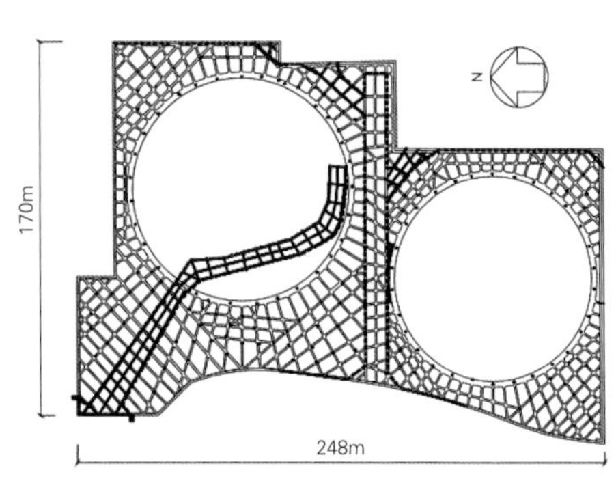

图1　基坑支撑平面布置图

二、施工难点分析

（一）基坑安全要求高

本工程为 400m 以上超高层建筑，基坑面积、深度、挖土方量、地下建筑面积、地下连续墙与支撑、降水井、塔吊、监测检测等各个方面均超出一般的高层建筑工程，基坑周边密布重点文物保护建筑、高层建筑、市政基础设施、地铁干线、城市河流、城市干道，还涉及原地下排洪沟渠的改造和托换、原地下工程的拆除等，因此本工程地下部分的实施是一个复杂的系统工程。

（二）施工难度大

基坑以内圆环以外水平投影面积为 17727.6m^2，此范围内共有竖向结构柱 256 根，其中钢筋混凝土独立柱 126 根，型钢混凝土独立柱 43 根，钢

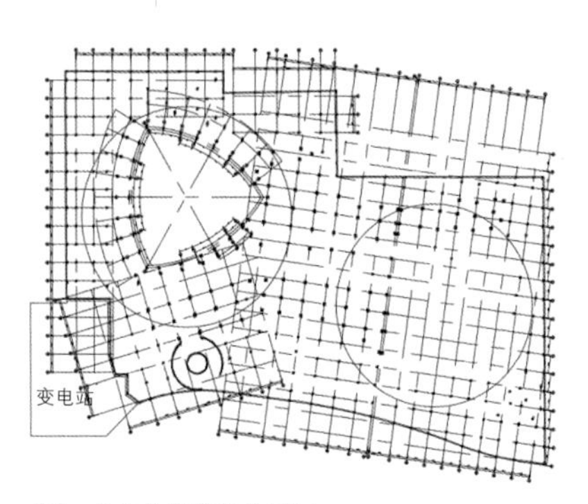

图2　地下主体结构柱网图

筋混凝土扶壁柱87根。由于变电站部分为专业单位设计，为地下3层，屋面结构整层与第一道支撑梁竖向碰撞，因此采用顺作法施工，该局部的独立结构柱并未计入其中。内支撑格构柱共251根，格构柱为型钢柱，水平支撑分为三道，第一道顶标高为-4.700m，圆环梁截面2600mm×800mm，主梁截面1000mm×800mm，腰梁截面1000mm×800mm，混凝土方量7213m^3，钢筋用量1676t；第二道顶标高为-11.150m，圆环梁截面3200mm×1000mm，主梁截面1200mm×1200mm，腰梁截面2100mm×1200mm，混凝土方量10674m^3，钢筋用量2053t；第三道顶标高为-15.950m，圆环梁截面3200mm×1200mm，主梁截面1200mm×1200mm，腰梁截面2100mm×1200mm，混凝土方量11342m^3，钢筋用量2147t（图2）。

（三）顺逆作法分析

多层地下室采用常规的“正作法”施工方法，其总工期含地下结构工期、地上结构工期，再加上装修等所占之工期。而采用“逆作法”进行多层地下室施工，一般情况下地下结构只有第一层占用绝对工期，其他各层与地上结构同时施工，并不占用绝对工期，因此总工期可缩短，可加快施工速度。工程实践证明：利用地下连续墙和中间支承柱进行“逆作法”施工，对市区建筑密度大、邻近建筑物及周边环境沉降敏感、施工场地狭窄、施工工期紧、软土地基面积大、三层或多于三层的地下室结构施工是十分有效的。鉴于工程各方面的条件，按照原设计采用“正作法”或直接改用“逆作法”施工，均不能取得理想的效果和经济与技术上的平衡，在充分分析正、逆作法施工方法的基础上，经过反复计算和方案比选，借用逆作法的原理，结合正作法的优点，相对本工程而言，在地下工程部分实现只有第一层地下室结构占用绝对工期，并且是一定程度上的占用，使实现业主裙楼（地上9层）部分提前开业的里程碑目标成为可能。

三、解决过程及方案

本工程基坑为超大超深基坑且呈不规则多边形，内支撑系统采用圆形支撑形式；主体结构五层地下室的近2000根梁一半排布走向不规则，大量斜板、升板、降板；还包含地下三层含夹层的110kV变电站、一条雨水箱涵和一条长运输栈桥。极其复杂的结构通过人脑根本无法想象其空间位置关系，利用二维图纸及人工计算也无法系统、全面地排查出碰撞点，合理制定施工工序及提前制定应对措施。为确保项目顺利实施，施工质量及安全得以保障，降低投资成本，本项目采用BIM技术提前排查解决碰撞、优化结构设计、研究制定施工工序。

（一）软件选取方案

模型绘制、出图——Autodesk Revit；进度及施工方案——Autodesk Naviswoeks；二维图纸处理——Autodesk AutoCAD。

（二）实施流程

模型建立→图纸校对→施工图纸修改→模型复核→碰撞检查结果→识别有效碰撞→研究碰撞解决方案→复核碰撞结果→施工图纸修改→确定施工方案。

（三）碰撞检查结果

通过基坑模型、内支撑系统模型、地下室主体结构模型、110kV变电站结构模型及雨水箱涵模型，共进行了九大项碰撞检查，实现地下室结构模型与基坑支护结构的碰撞识别。如主体地下室结构柱与基坑三道内支撑梁碰撞、主体地下室结构梁与基坑三道内支撑梁碰撞、基坑腰梁和环梁与地下室主体结构碰撞、基坑三道内支撑与110kV变电站碰撞、地下室主体结构与雨水箱涵碰撞等。通过识别有效碰撞后，根据碰撞间距、碰撞位置等对碰撞点进行同类型归类统计，便于研究碰撞解决方案。本文主要以阐述内支撑与竖向永久结构碰撞解决方案研究为例。

主体地下独立结构柱与基坑内支撑梁碰撞点共270处，主体地下结构扶壁柱与基坑支撑腰梁碰撞点147处，其中第一道支撑独立柱碰撞点72处；第二道支撑独立柱碰撞点99处，扶壁柱碰撞点87处；第三道支撑独立柱碰撞点99处，扶壁柱碰撞点87处，其中完全碰撞106处，局部碰撞164处。地下二层楼板降板区与第一道支撑碰撞面积765m^2，地下消防水池与第一道支撑碰撞。

（四）碰撞解决方案

① 支撑主梁加宽，增设圆形钢套管（内径800mm），主筋打孔穿过圆洞，混凝土浇灌，型钢柱或混凝土结构柱施工时，打开圆洞混凝土并切断钢筋；② 支撑环梁上增设圆形钢套管（内径1232mm），主筋打孔穿过圆洞，混凝土浇灌，型钢混凝土柱施工时，打开圆洞混凝土并切断钢筋；③ 混凝土结构柱与支撑梁局部碰撞时，有条件破除，基础筏板整体形成且混凝土强度达到85%后，破除第三道支撑节点混凝土及切断钢筋，地下四层楼板整体形成且混凝土强度达到85%后，破除第二道支撑节点混凝土及切断钢筋；④ 第二道、第三道支撑腰梁加宽，增设构造钢筋，竖向开洞（1100mm×550mm），结构四周扶壁柱施工时直接穿过；

⑤ 加厚水平支撑板上留圆洞，结构柱直接穿过，结构柱与支撑次梁局部碰撞时，结构柱施工时直接破除；⑥ 型钢结构柱与环梁局部碰撞时，采用 DN600（厚 12mm）钢管托换，楼面结构柱节点后施工；⑦ 型钢柱与支撑次梁碰撞时，次梁改道避让结构柱；⑧ 降低第二道内支撑面标高 0.15m，避免地下二层楼板轴线结构主梁整层梁底碰撞；⑨ 水平栈桥板上分舱开孔，使得其下结构楼板有施工的空间；⑩ 结构楼板局部降板范围较小且处在水平支撑梁系受力较小的部位，先局部拆除支撑再施工楼板及结构梁；⑪ 地下一层周边结构外墙（基坑喷锚支护）改为支承于地下连续墙冠梁顶部，地下一层内凸扶壁柱全部改成暗柱；⑫ 调整降排水方案的井位布置；⑬ 基坑及桩基施工塔吊与地下主体结构施工塔吊合二为一（图 3~ 图 10）。

（五）施工主要流程

地下连续墙→第一层土开挖→工程桩施打→内支撑格构柱→第一道水平支撑→降排水井→第二层土开挖→第二道水平支撑→第三层土开挖→第三道水平支撑→第四层土开挖→主体结构底板→结构钢柱吊装定位→地下四层楼面→拆除第三道水平支撑→地下三层楼面→地下二层楼面→拆除第二道水平支撑→地下一层楼板→拆除第一道水平支撑→地下一层顶板→上部结构。

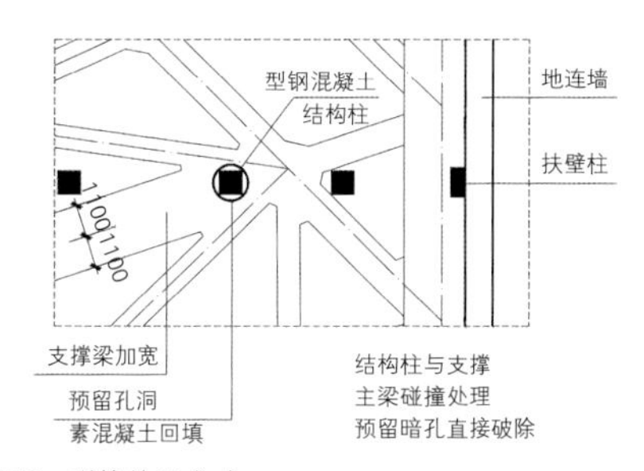

图3 碰撞处理方式一

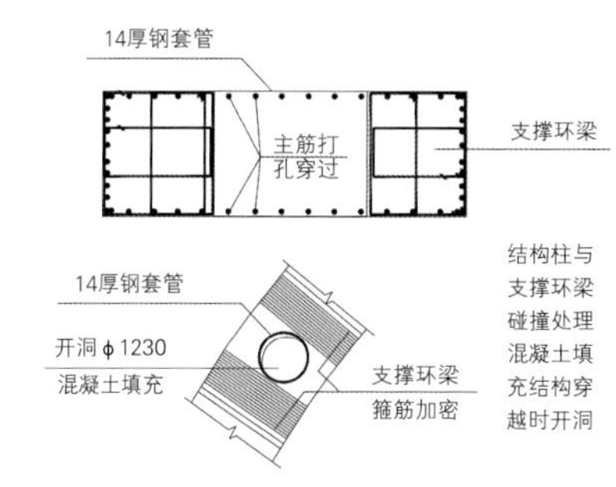

图4 碰撞处理方式二

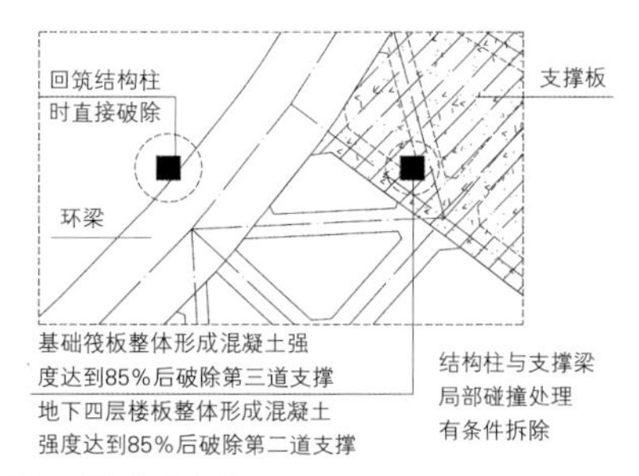

图5 碰撞处理方式三

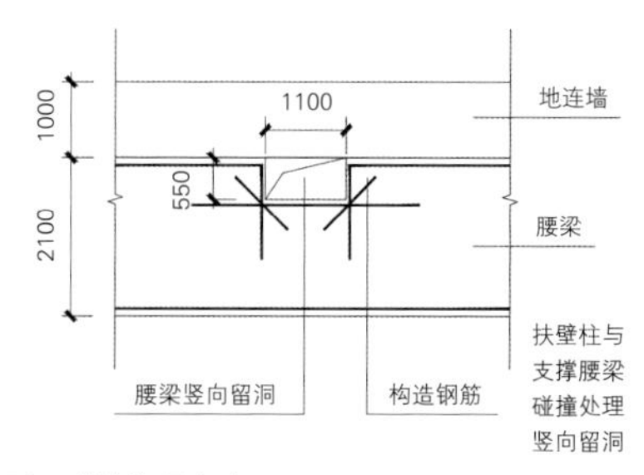

图6 碰撞处理方式四

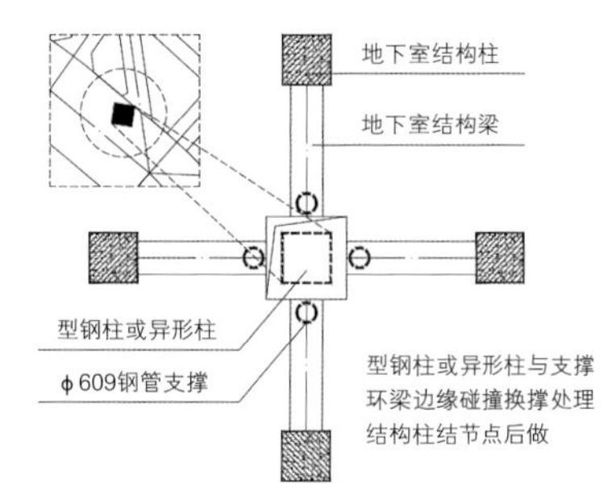

图7 碰撞处理方式五

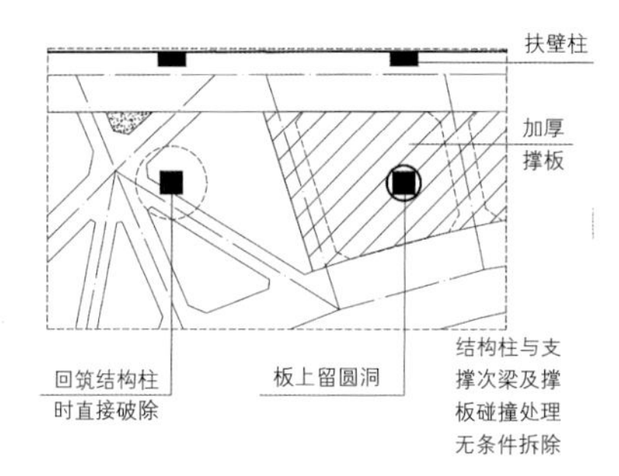

图8 碰撞处理方式六

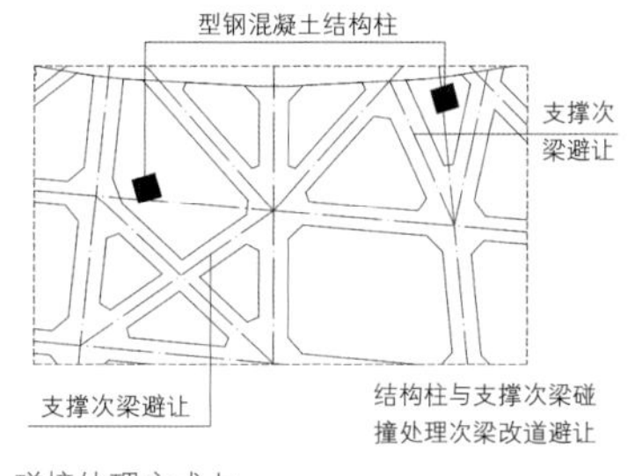

图9 碰撞处理方式七

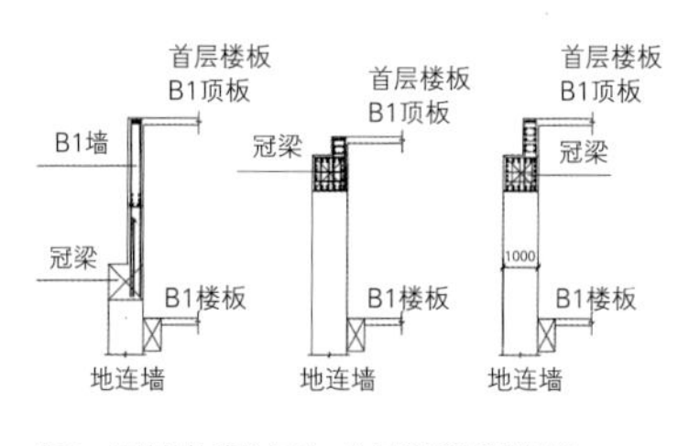

图10 碰撞处理方式八

结语

现代大型建设项目一般都具有投资大、建设周期长、项目功能要求高以及全寿命周期信息量大等特点，建设项目设计以及工程管理工作极具复杂性，传统的信息沟通和管理方式已远远不能满足要求。监理要随着 BIM 在建筑业的逐步发展与应用，为复杂工程建设项目提供实现设计、施工一体化的良好技术平台和解决思路，为建设领域目前存在的协调性差、整体性不强等问题提供借鉴，从而为复杂工程安全、质量、投资、进度四大目标相互关系的协调和改善探索新的途径，在项目管理和施工技术方面有所突破。本复杂工程中 BIM 技术运用效果总结：

1. 确保复杂地下空间结构顺利实施，为工程安全、质量、投资、进度目标的实现提供技术保障。

2. 提升各参建单位的技术管理水平，提高工作效率。

3. 推动 BIM 技术在工程管理中的运用。

浅谈阳煤太化气化技改项目监理管理服务实践经验

张华平　高春勇
太原理工大成工程有限公司

摘　要：通过阐述阳煤太化气化技改项目监理工作中有关质量、进度、安全管理的方法和经验，希望在今后的监理工作标准化问题上有所创新和发展。

阳煤太化气化技改项目800t级工业示范装置工程是山西省阳泉煤业（集团）有限责任公司为解决山西高灰熔点及低质煤大规模粉煤气化的技术改造和工业革新示范项目。本项目建设采取设计、采购、施工一体的EPC总承包模式，总投资约29500万元。2018年9月正式在阳煤集团太化新材料公司破土动工，并于2019年8月完工，2019年11月21日实现了装置的生产试运行。这一里程碑式建设任务的完成标志着解决山西乃至全国高熔点煤炭直接气化技术难题的工作已取得重大突破。

阳煤太化气化技改项目是由煤气化装置、气化变电所、机柜间、公辅装置等4个子单位工程组成，其技术领先、工艺复杂，为完成好该化工项目的监理任务，项目监理部在张华平总监的带领下，积极钻研进取，克服了专业上的瓶颈和难点，同时着眼提升监理服务品质，大力探索工程的标准化管理，坚持务实创新，使监理部各项工作做得有声有色，获得了建设单位的高度赞誉。

一、积极推进创优监理策划，制定评优验收标准

（一）为实现工程创优的质量目标，监理部认真策划，组织编写了操作性强、踏实务实的监理规划和监理实施细则，对质量、安全、进度等各方面控制工作的依据、检查内容、方法和数量做了针对性的规定，力求通过监理人员的跟踪监督和验收，使工程各项验收指标处于受控状态。

（二）项目监理部各项工作的思路始终把“创优”放在首位，立足于“创”。包括要求施工项目机构要组建创优领导班子，要有健全的管理体系，管理机制要有较强的质量保证能力。另外，在每个分部工程开始时，总监都要亲自进行创优交底，把创优目标讲清讲透，带动全体参建人员，围绕创优活动开展工作，营造出浓厚的创优氛围，使创优工作扎实推进。

（三）项目建设团队还邀请中国化工施工协会的专家组成创优咨询服务指导小组，以“创化工优质工程”为目标，对建设各方进行现场咨询指导，就化工优质工程的创建要求和国家优质工程奖的评审要求进行详细的专项交底，对工程建设的整体部署和细节重点做出合理策划，确保了项目创优目标的最终实现。

二、对施工质量控制工作的管理

项目监理部进驻现场后，以总监为核心的质量保证体系、安全保障体系便始终在日常的监理工作中发挥着不可替

代的作用。各专业监理人员配备齐全，岗位责任制落实到位，为项目监理工作的顺利开展打下了良好的基础。

（一）加强质量事前预控，精心做好开工前的准备

1. 由于煤气化装置核心设备R-GAS气化炉为国内首台（套），其新工艺、新技术、新设备在工程建设中的全面应用对监理人员的专业水平、敬业精神、责任意识都提出了更高的要求。为此，项目监理部同参建各方同仁一道，在施工监理全过程中建立起了数十项工作流程和工作制度，如设计交底及施工图会审制度，工程质量验收报验制度，施工组织设计（方案）报审制度，开（复）工报审制度，进场原材料、成品及半成品、构配件、设备检验及见证取样送检制度，隐蔽工程验收制度，工程质量检验制度，工程阶段性验收及竣工验收制度，保证资料核查制度，现场会议制度等，并为确保这些制度能够得到严格的贯彻执行，项目监理部采取了严格的管理措施和管理办法，促进了工程建设的顺利推进。

2. 积极参与图纸会审和设计交底工作。开工前，各专业监理工程师会对设计图纸和设计说明进行查对、审核，对图纸表述不详、错漏碰缺、设计人员会签不细而出现的矛盾等问题逐一汇总，提交设计单位进行修改或确认。

3. 认真审核施工组织设计和专项施工方案，严格把关。监理人员在充分了解承包合同和设计文件的基础上，就施工组织设计的技术可行性、方案的合理性以及质量创优保证措施的针对性等进行全面审查，提出书面审核意见，在收到施工单位申报的修改补充资料后，总监签字批复。

对技术性、专业性较强的施工方案，监理工程师将专门组织召开方案审核会议，同施工单位技术负责人等一起就方案的可行性、实施情况、效果等进行讨论、洽商，最大限度将方案做到优化、完善。

4. 对分包商、主要材料供应商和试验机构的审查，监理部把重点放在了对施工单位的资质、业绩材料，以及专业人员和特种作业人员的资格证、上岗证，三类人员安全考核合格证书的检查上。对分包单位的管理，监理部强化了总包单位的管理责任，督促总包对分包工程的质量进行监督、指导、检查，其间，监理部做好协调配合工作。

5. 对工程中使用量大的或重要的材料，监理部会同建设单位、施工单位到生产厂家或加工场地进行实地考察。在试验机构的选择上，同样注重对其企业资质、试验项目、人员资质以及试验场所、检测设备的考察和审查工作，以确认其具备承担工程施工试验的资质和能力。

（二）强化工程施工过程中的质量控制

施工现场只要有施工作业，不管白天黑夜，均有监理人员在场，进行巡视检查、平行检验、旁站等监督工作，确保了每道工序的施工都在监理人员的掌控之下。如每批材料的进场，监理工程师都要认真检查，核查质保资料与实物的符合性，核对质保资料的有效性，检查实物的外观质量；又如，为防止挖机损伤工程桩，在土方开挖过程中，监理人员把每个桩位及每根桩的桩顶标高绘制成图，并派专人旁站监护，由于桩顶标高数据准确，挖土作业进展顺利；再如，在模板工程的施工过程中，监理复核抽检率达80%以上（柱模板垂直度100%检查），超出或接近规范允许偏差范围的坚决要求返工。同时严格控制模板重复利用次数，减少模板的镶拼，杜绝用泡沫塑料纸粘贴；严格控制拆模时间，柱模板拆模时间控制在混凝土浇筑2天以后，梁板模板在混凝土强度达设计强度100%后方批准拆模，在保证结构安全性的同时杜绝了拆模引起的混凝土脱棱掉角和表层脱皮。

项目监理部在处理质量问题的方法上，采取了“三步走”的管理办法，即第一次发现后对责任单位进行口头警告；第二次发现类似于第一次的质量问题后立即下达监理工程师通知单；如果三次出现类似质量问题，项目监理部将对责任单位果断下达经济处罚款。“三步走”处理办法的严肃执行，最大限度地确保了工程质量隐患的及时消除，并在建设过程中得到了建设方的高度肯定。

（三）按照设计和规范要求，严把分项、分部工程验收关

1. 在隐蔽工程验收时，监理工程师对照图纸、工程量清单项目和数量，在施工单位自检合格的基础上，全数查验，符合设计和规范要求后予以签认。

2. 在分项、分部工程验收方面，监理工程师根据监理员随班巡视所做的平行检测记录，再次到现场进行查对，实测实量，符合要求后予以签字确认。验收记录上所填数据以实测实量为准，杜绝假数据，保证资料的真实性和可信度。

三、对施工安全监理工作的管理

安全监理是工程管理的重中之重，项目监理部本着“安全第一，预防为主”的安全管理方针，始终把项目的安全管理作为头等大事常抓不懈，把督促施工

单位建立安全生产责任制、做好安全文明施工教育交底、监理工程师每日现场排查隐患等工作贯穿监理全过程，确保了工程安全管理目标的顺利实现。

监理部在总监的领导下，编制了本项目的安全监理规划和安全监理细则，在工程开工前主动与EPC单位和各施工单位进行安全工作对接，针对现场安全施工要点进行安全工作交底，严格按照安全监理细则开展现场安全管理工作。

（一）落实安全管理制度和安全控制措施，组织各相关单位进行安全检查。工程建设中，项目监理部采取日常巡检和专项巡检相结合的安全管理模式，每周组织相关施工单位进行联合检查，并形成周检通报或下达一般隐患监理通知单，要求施工单位限期整改并进行验收回复。

（二）完善监理部监理人员职责分配，落实安全生产监督责任，实现各工程师专业范围内的安全管理工作共防共治，不留死角。

（三）监理部始终重视对EPC单位的安全监督管理，重点检查其安全管理体系的正常运转情况，如专职安全人员到岗履责情况、分包单位管理人员的安全培训和安全技术交底是否落实等。

对危险性较大的分部分项工程，严格按照《危险性较大的分部分项工程安全管理规定》中的有关要求进行落实，确保各项安全技术措施、责任落实到位。

（四）要求焊工、电工、特种机械设备操作工、脚手架搭设工等特殊工种持证上岗。动火作业、高处作业、吊装作业、受限空间作业等均要求施工单位严格按照作业管理制度和流程执行，并要求在这些作业中必须有施工单位专职安全员在场监督。

四、对施工进度控制工作的管理

进度控制的目标为合同工期。监理部采取的有效措施主要是配合业主对工程进度实施动态控制。

（一）施工中监督检查实际进度与月、周施工计划是否吻合。对出现偏离计划的工序，提前通知施工单位采取措施纠偏或调整计划。

（二）对影响关键工序施工的问题及时向建设单位进行汇报，共同或借助建设单位的部分权力督促施工单位及时调整施工安排。

（三）协助施工单位合理安排各工序搭接，提出合理化建议。

项目监理部除采取常规的进度控制方法和措施对进度进行管理外，在煤气化装置结构施工时，项目监理部还会同建设单位提出了“百日会战”的施工倡议，在倡议中要求施工各方制定每日工作计划，总结每日工作完成情况，协调解决每日重大事项。最终，“百日会战”倡议的实施，大大推进了土建施工进度，保证了土建施工全部节点任务目标的全面实现。

通过数个月的不懈努力，参建各方相互配合、相互支持、同心协力，为阳煤太化气化技改项目贡献了自己的力量，阳煤太化气化技改项目一次性点火投产成功，工程各项建设目标顺利实现。

富水砂层中地铁联络通道冻结法施工监理控制要点

刘文东

北京赛瑞斯国际工程咨询有限公司

摘　要：基于郑州地铁4号线盾构区间联络通道监理工作实践，针对富水砂层地基中联络通道冻结法施工的监理控制要点进行了探讨，介绍了监理在施工全过程中的严格管控内容。

关键词：地铁；联络通道；冻结法；控制要点

引言

地铁联络通道是用于连接同一区间上下行两个行车隧道的通道或门洞，在列车于区间遇火灾等灾害、事故停运时可供乘客由事故隧道向无事故隧道安全疏散，一般采用直墙圆拱结构，在通道中间局部下沉设置泵房和集水井，兼起排水作用[1][2]。目前冻结法开挖是联络通道最常用的施工方法，由于冻结过程的隐蔽性和冻结壁质量判定的间接性，施工过程控制不当造成的事故时有发生，一直是地铁施工过程中风险监控的重点[3][4]。

本文以郑州郑东新区富水砂质地层为背景，结合郑州轨道交通地铁4号线鑫融路站—龙湖中环路站区间联络通道工程实例，对富水性砂层地基中冻结法施工的监理控制进行了有效总结，以期对相关技术工作提供有益参考。

一、工程概况

郑州地铁4号线鑫融路站—龙湖中环路站区间，位于郑州市区东部龙湖地区，沿如意东路东侧南北走向，北起鑫融路，南至龙湖中环路。区间设计为单向坡，在区间中部设置了一个联络通道，里程为左DK16+000.102（右DK16+000.000），线间距为12.43m，通道净宽3m，最大埋深约15.8m，所处地层主要位于② $_{34D}$ 细砂、② $_{41}$ 粉砂和② $_{51}$ 细砂土层中，地下水为潜水，埋深约8.2m。该处左线上方有雨污水、天然气等管道，周边无控制性建构筑物，道路东侧为一处建筑施工基坑。

联络通道主体结构为直墙拱形钢筋混凝土结构，通道开挖尺寸为6.23m（长）×4.4m（宽）×4.45m（高），采用二次衬砌方式，初期支护层厚度为300mm，格栅钢架＋钢筋网＋喷射混凝土支护，二次支护为400mm厚的现浇钢筋混凝土。

该区间联络通道地层加固采用洞内水平冻结法加固，冻土强度的设计指标为：单轴抗压4.0MPa，抗弯折1.8MPa，抗剪1.5MPa（－10℃），冻结帷幕厚为1.8m，冻土帷幕平均温度不大于－10℃，设计冻结时间45天，冻结孔65个，冻结总需冷量4.25104Kcal/h。联络通道施工可分为冻结孔施工、冻结施工和开挖构筑施工三个主要部分，其主要施工顺序如图1所示。

二、工程风险分析

施工过程中可能引起漏水、漏砂和坍塌的主要风险因素包括[5]：

1. 冻结管长度、角度施工误差，冻结时间不足等导致冻结壁厚度不足或未交圈。

2. 冻结管盐水渗漏造成冻土软化。

3. 冻结设备或电源故障处理不及时引起冻结壁消解削弱。

4. 钢拱架和锚喷不及时，散热过快引起冻结壁消解削弱。

5. 冻结孔封口质量缺陷。

6. 冻胀或融沉引起的成型隧道结构破坏。

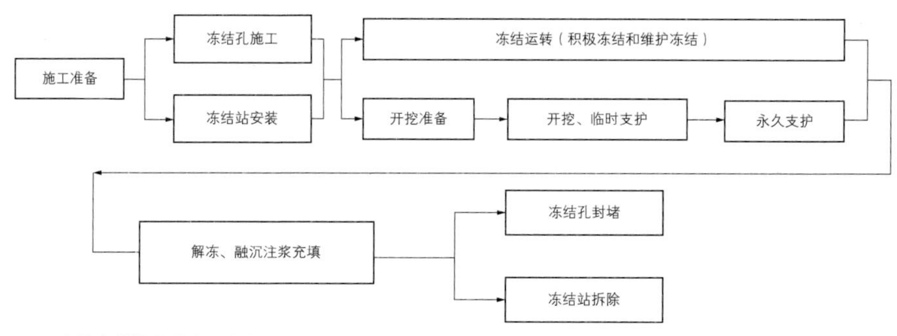

图1　冻结法联络通道施工流程

三、事前监理控制要点

（一）严格审核总包单位及专业承包单位资质，人员资格证书，安全、质量管理体系。

（二）严格按照住房和城乡建设部《危险性较大的分部分项工程安全管理规定》等文件要求审核施工单位上报的联络通道施工方案和相应应急预案，监理部根据方案及时编制相应的监理实施细则和监理旁站方案等。

（三）对监理现场管理人员进行方案、细则交底，明确过程管控重点，检查总包及分包单位方案交底和安全技术交底工作执行情况。

（四）对进场设备、原材料等严格履行进行报验制度，杜绝不合格设备及材料用于现场施工。

四、事中监理控制要点

（一）工程质量管理

1. 冻结施工控制要点

冻结孔施工应控制钻孔的偏斜和钻进深度满足设计要求，合格后再进行打压试漏，压力不低于0.8MPa；冻结站设置应靠近联络通道位置，管路用法兰连接，在盐水管路和冷却水循环管路上要设置阀门和测温仪、压力表等测试组件，联络通道两侧管片表面采取保温措施，以减少冷量损失；冻结系统运转正常后进入积极冻结，冻结时间必须保证，冻结过程中根据实测温度资料判断冻结帷幕是否交圈和达到设计厚度，如盐水温度和盐水流量达不到设计要求，应延长积极冻结时间。

2. 开挖及初支施工控制要点

1）开挖前应严格执行关键节点核查程序，重点关注以下四个方面：（1）测温孔测温记录、探孔揭露的开挖面情况、泄压孔测压记录是否足以判断冻结壁厚度和交圈情况；（2）防护门等应急措施和物资是否到位；（3）成型隧道管片加固措施是否满足要求；（4）监测点布置和初始值采集是否完成。

2）开始开挖后应加强巡视，开挖面必须保证专人每日巡视，观察是否有渗漏水等异常情况。

3）开挖过程中保证施工单位在现场严格按照方案要求控制开挖步距，严禁超挖。

4）开挖期间应重点关注现场监测测量情况，不能仅安排人员审核监测报表数值，更应巡视监督现场监测专业人员工作开展的频率和及时性。

5）开挖完成后及时施工初期支护，减少暴露时间。

3. 防水板施工控制要点

铺设防水板前必须对初期支护表面找平、拱墙补喷找平、底部砂浆找平，对外部的钢筋接头切除、磨平，经监理验收合格后，方可铺设防水板，施工过程中防水板接缝搭接长度和焊接宽度应严格控制。

4. 二衬施工控制要点

钢筋绑扎过程中严格按照规范控制钢筋规格、型号、间距尺寸、焊接质量等，钢筋间排距应严格按结构设计图纸进行绑扎；模板施工应按照规范检查模板的垂直度、水平度、标高以及钢筋保护层的厚度，校正合格后，方可将模板固定；混凝土浇筑尽量连续浇筑，如因特殊原因不能连续浇灌时，在接茬部位应凿成毛面，确保混凝土粘接性能；施工缝止水选用止水钢板或橡胶止水条，混凝土结构强度达到规定设计强度时方可拆模。

5. 融沉控制要点

为有效控制融沉，在冻结施工结束后必须及时进行充填注浆和融沉注浆，以控制地面的沉降变形，同时应做好冻结孔的封孔工作，采用钢板满焊，防止融沉期间出现漏水、漏砂的险情。

（二）监理工作要点

在施工过程中，监理工程师在现场

将采用巡视和旁站相结合的工作方法；针对现场存在的问题，及时下发相关监理指令，指令的形式以书面指令为主。具体内容如下：

1. 监理工程师应每日对现场的特种作业人员作业、施工设备和材料、施工环境、每日风险源等进行认真检查。

2. 施工过程中，针对现场存在的问题应及时采用通知、联系单等文件形式进行施工全过程的控制和管理。

3. 按照监理规范，对施工的重要部位和关键工序进行旁站监理，并及时形成旁站记录。

4. 对现场进场原材料等进行严格验收，并督促施工单位对相关原材料进行取样送检，监理工程师严格履行见证制度及平行检验制度。

5. 在施工过程中，当发现必须停工的事件时，总监理工程师在征得业主同意后，有权发出停工指令，现场必须立即停止施工。

五、事后监理工作要点

监理部按照现行的标准、规范、图纸和合同要求，对已完成的联络通道分部、分项工程质量进行验收，现场实体质量主控项目必须全部合格，质量控制资料必须齐全，对达不到要求的，必须返工整改至符合要求。验收过程中，当实体质量发生缺陷时，特别是二次结构的施工质量，要求施工单位记录缺陷情况，并提出处理方法或上报专项修补方案，报送监理部，经监理审核同意后，方可按方案进行处理。对于较大的质量问题，监理公司将通过业主报请设计单位或质监站共同处理。

结语

对于富水砂层地基中的联络通道施工，在钻孔、开挖及初支、二衬、融沉等各个阶段均存在涌水、涌砂等重大风险，由于冻结质量控制的复杂性，对施工过程中的风险管控监理部必须予以高度重视。在施工监理工作中，应严格执行开挖前关键节点核查等重要程序，做到预防为主、严控风险，认真执行有关标准和各项法规，以“守法、诚信、公正、科学”为行业标准，以事前指导、事中检查、事后验收等工作方法全面开展监理工作，把好质量关，在工作中不断加强监理内部管理，积极探索总结工作经验，才能更好地使监理工作体现出科学性，公正性。

参考文献

[1] 地铁设计规范：GB 50157—2013[S]. 北京：中国建筑工业出版社，2014.

[2] 鲍永亮，郑七振，唐建忠. 地铁隧道旁通道冻结法施工监测分析[J]. 铁道工程学报，2009（3）：93-95.

[3] 危险性较大的分部分项工程安全管理规定. 住房和城乡建设部令第37号.

[4] 关于加强城市轨道交通工程关键节点风险管控的通知. 建办质〔2017〕68号.

[5] 王晖，竺维彬，李大勇. 富水砂层中联络通道施工工法及其控制措施[J]. 铁道工程学报，2010（9）：82-87.

关于超危模板支撑工程简易判断与计算的探讨

黄跃明
福建新时代项目管理有限公司

在项目管理理论与技术长足发展的今天，作为项目管理内容之一的安全管理却找不到提升的有力支点。安全管理是一门综合性的系统科学，安全数据分析与计算逐渐成为管理者的必备技能，从住房和城乡建设部办公厅印发的《关于2018年房屋市政工程生产安全事故和建筑施工安全专项治理行动情况的通报》（建办质函〔2019〕188号）的数据可以推论：坍塌事故一旦发生，基本上都是较大及以上事故，且占较大及以上事故的半壁江山（45%），坍塌事故中主要类型是模板支撑失稳破坏造成的坍塌。那么模板支撑超危工程是怎么定义的呢?

2018年3月8日住房和城乡建设部发布《危险性较大的分部分项工程安全管理规定》再次把现浇混凝土超限模板支撑工程列入“危大工程”，并明确“超危”范围：搭设高度8m及以上；搭设跨度18m及以上；施工总荷载（设计值）15kN/m^{2}及以上；集中线荷载（设计值）20kN/m^{2}及以上；并且在第十条、第十二条规定施工单位应当在危大工程施工前编制施工方案，对于超危工程应当组织召开专家论证。所以技术人员在施工前就需要熟悉图纸进行危险源辨识，判断出“危大工程”“超危工程”，并按照《危险性较大的分部分项工程安全管理规定》编制方案、论证、修改、报审、实施，消除危险源。

如何根据设计图纸快速判断模板支撑工程是否属于“超危工程”，困扰了很多现场技术人员，本文将从超危模板支撑工程简易判断与计算注意事项进行探讨。

一、超危模板支架工程简易判断

“搭设高度”“搭设跨度”“高度大于支撑水平投影宽度”三个判断标准比较好理解，从设计文件上即可进行判断。而施工总荷载和集中线荷载是指荷载效应基本组合的设计值（承载力验算应采用荷载基本组合，变形验算应采用荷载标准组合），设计文件中梁板的尺寸非常多，如何才能快速判断超危模板工程是个头痛的问题，是否可以从梁、板设计尺寸等因素进行直接判断呢?

（一）梁模板支撑如何简易判断超危：

《建筑结构荷载规范》GB 50009—2012规定：在支撑脚手架荷载的基本组合中，应有由永久荷载控制的组合项，而且在永久荷载值较大的情况下（永久荷载效应/可变荷载效应不小于2.8时），应按永久荷载控制组合进行荷载组合及选取对应的荷载分项系数（1.35/1.4），模板支撑超危工程满足这种情况。

根据《混凝土结构工程施工规范》GB 50666—2011模板及支架的荷载基本组合的效应设计值，可按下式计算：

$$S=1.35a\sum_{i\geqslant1}S_{Gik}+1.4\psi_{cj}\sum_{j\geqslant1}S_{Qjk}$$

（永久荷载控制组合公式）

式中：S_{Gik}——第i个永久荷载标准值产生的效应值；

S_{Qjk}——第j个可变荷载标准值产生的效应值；

a——模板及支架的类型系数；对侧面模板，取0.9；对地面模板及其支架，取1.0；

ψ_{cj}——第j个可变荷载的组合系数，宜取ψ_{cj}不小于0.9。

根据《混凝土结构工程施工规范》GB 50666—2011附录A表4.3.8，模板自重（G_1）的标准值取0.3kN/m^2；新浇筑混凝土自重（G_2）的标准值γ_c可取24kN/m^3；钢筋自重（G_3）的标准值楼板的钢筋自重可取1.1kN/m^3，梁的钢筋自重可取1.5kN/m^3；施工人员及施工设备产生的荷载（Q_1）的标准值取最小值2.5kN/m^2。假设梁截面尺寸为$B\times H$，则判断超危的集中线荷载需满足：

q=1.35×［（24+1.5）×B×H+0.3×（B+H×2）］+1.4×2.5×B ≥ 20kN/m。可推导出表1。

从表1可以看出，梁截面面积不小

于 0.5m² 时与集中线荷载超危判断值保持相对稳定，当梁宽大于梁高时，截面面积呈轻微下降趋势。因在实际工程中，梁宽一般小于梁高，所以可以梁截面面积是否不小于 0.5m² 作为判断梁模板支撑工程是否属于超危工程的初步判断，然后再通过计算确认。

（二）楼板模板支撑如何简易判断超危（计算公式与板厚有关）

当前混凝土均采用泵送和简易布料机进行作业，故施工人员及施工设备产生的荷载（Q_1）的标准值取最小值 4.0kN/m²，假设板厚为 H，则判断超危的施工总荷载需满足：

施工总荷载 $E=1.35\times[(24+1.1)\times H\times0.001+0.3]+1.4\times4\geqslant15\text{kN/m}^2$。

可得 $H\geqslant265$mm（取整），也就是说当板厚度≥265mm 时，均可判断属于超危模板支撑工程。

结论：

1. 梁模板及其支撑“超危”判断标准：$B\times H\geqslant0.5\text{m}^2$（当 $B<H$ 时）。

2. 楼板模板及其支撑“超危”判断标准：$H\geqslant265$mm（当采用布料机时）。

超危的集中线荷载计算表　　表1

序号	常见梁宽B/mm	超危梁高H≥/mm	$B\times H$≥/m²	集中线荷载值/（kN/m）
1	200	2500	0.50	20.019
2	250	2030	0.51	20.091
3	300	1700	0.51	20.105
4	350	1450	0.51	20.012
5	400	1270	0.51	20.079
6	450	1110	0.50	20.015
7	500	1005	0.50	20.065
8	550	910	0.50	20.115
9	600	830	0.50	20.159
10	650	760	0.49	20.160
11	700	700	0.49	20.169
12	750	650	0.49	20.237

二、超危模板支撑工程计算依据选择的探讨

完成超危模板支撑工程的初步判断后，就得进行超危模板支撑工程的方案计算与验算。涉及模板支撑工程的相关标准、规范有：

《建筑施工脚手架安全技术统一标准》GB 51210—2016；《混凝土结构工程施工规范》GB 50666—2011；《建筑施工扣件式钢管脚手架安全技术规范》JGJ 130—2011；《建筑施工模板安全技术规范》JGJ 162—2008。那么支撑立杆承载力计算及立杆稳定性验算应如何选择依据呢?

（一）荷载取用及组合的计算依据选择

首先列表分析各规范标准的适用性。从表 2 分析可以得出：《建筑施工脚手架安全技术统一标准》是制定各类脚手架支撑架相关标准应遵守的基本准则，不能作为计算依据；《建筑施工扣件式钢管脚手架安全技术规范》GB 51210—2016 规定：满堂支撑架用于混凝土结构施工时，荷载组合与荷载设计值应符合现行行业标准《建筑施工模板安全技术规范》JGJ 162—2008 的规定；而此规范与模板及其支架荷载效应组合的各项荷载相关的规定是废止条文，因此超危模板支撑工程的荷载取用及组合的计算依据应选择《混凝土结构工程施工规范》GB 50666—2011 比较合适。

（二）关于结构重要性系数 γ_0 的选择的讨论

《混凝土结构工程施工规范》GB 50666—2011 在极限承载力验算时，首次引入结构重要性系数 γ_0，区分了“重要”和“一般”模板及支架的设计要求（重要 γ_0 不小于 1，一般 γ_0 不小于 0.9），其中“重要的模板及支架”包括高大模板支架，跨度较大、承载较大或体型复杂的模板及支架等。

在《建筑施工脚手架安全技术统一标准》GB 51210—2016 中引用支撑架的安全等级，当搭设高度大于 8m 或荷载标准值达到超危模板支撑架标准，即为Ⅰ级安全等级，其承载力验算时，结构重要性系数取 1.1。

根据《建筑施工脚手架安全技术统一标准》GB 51210—2016 规定：支撑脚手架的综合安全系数指标 β 不小于 2.2（相当于保险倍数）。当采用施工规范“重要 γ_0 不小于 1”计算综合安全系数指标为 β 大于等于 2.38，满足要求；当采用统一标准“Ⅰ级重要性系数 γ_0=1.1”计算综合安全系数指标为 β=2.62，大于 2.2，满足要求。

虽然《建筑施工脚手架安全技术统一标准》在 1.0.2 条文解释中表明仅作为基本变量的取值原则，不作为取值、参数确定的依据，但综合安全系数指标越大，说明结构越可靠，对于超危数值较大的模板支撑工程，重要性系数 γ_0 取

各规范、标准适用范围分析表 表2

序号	规范、标准名称	适用范围
1	《建筑施工脚手架安全技术统一标准》GB 51210—2016	1.0.2本标准是制定各类脚手架支撑架相关标准应遵守的基本准则，但不能代替各类脚手架支撑架标准；不能作为基本变量取值、参数确定、荷载效应、结构抗力的依据。（详见条文解释）；同时引入结构重要性系数γ_0（超危工程取1.1）
2	《混凝土结构工程施工规范》GB 50666—2011	1.0.2本规范适用于建筑工程混凝土结构的施工；要求进行模板及支架的承载力、刚度、抗倾覆验算，整体稳定性仅验算容许长细比。 4.3.5通过引入结构重要性系数γ_0，区分了“重要”和“一般”模板及支架的设计要求，其中“重要的模板及支架”包括超危模板支撑工程，但取值规定“宜≥1”
3	《建筑施工扣件式钢管脚手架安全技术规范》JGJ 130—2011	增加了满堂支撑架的计算，但4.3.2条规定：满堂支撑架用于混凝土结构施工时，荷载组合与荷载设计值应符合现行行业标准《建筑施工模板安全技术规范》JGJ 162—2008的规定。同时，为简化计算，该规范基本组合采用由可变荷载效应控制的组合，分项系数取1.2，根据《建筑施工脚手架安全技术统一标准》GB 51210—2016及《建筑结构荷载规范》GB 50009—2012规定，适用于非超危模板支撑工程的计算
4	《建筑施工模板安全技术规范》JGJ 162—2008	4.3.2本条参与模板及其支架荷载效应组合的各项荷载规定是按《混凝土结构工程施工及验收规范》GB 50204—1992的规定采用的。（详见条文解释，但该规范在2002年已废止）

1.1 比较合适。

（三）关于立杆稳定性计算依据选择

《混凝土结构工程施工规范》GB 50666—2011 规定：架体立杆稳定性仅验算容许长细比（受压立杆 180），查表得标准钢管的惯性矩为 12.71cm^4，计算得出的立杆容许步距达 2287mm（远远大于超危模板支撑立杆步距不得大于 1500 mm 的规定）。因此，立杆稳定性计算应选择《建筑施工模板安全技术规范》JGJ 162—2008 或《建筑施工扣件式钢管脚手架安全技术规范》JGJ 130—2011 作为计算依据。

当立杆承载力（轴向力设计值）和立杆材料及截面均不变时，立杆稳定性与稳定系数 ϕ 成正比（$N/\phi A \leq f$），稳定系数通过长细比查表获取，长细比（$\lambda=l_0/I$）越大，稳定系数呈非线性减小，所以稳定性计算的决定因素是立杆的计算长度（即 l_0 立杆步距），步距越小稳定性越可靠。下面分别按照两个规范计算分析其可靠性。

1.《建筑施工扣件式钢管脚手架安全技术规范》JGJ 130—2011 规范 5.4.6 条规定立杆的计算长度按顶部立杆段和非顶部立杆段分别计算，取整体稳定计算结果最不利值（a 为顶部悬臂长度）：

顶部立杆段：$l_0=k\mu_1(h+2a)$；非顶部立杆段：$l_0=k\mu_2 h$

2.《建筑施工模板安全技术规范》JGJ 162—2008 规范 5.2.5 条第 3 款：立杆的计算长度取最大步距（即 $l_0=h$）

假设超危模板支架（剪刀撑设置普通型）的高宽比小于 2，架体立杆间距 1m，步距 1.5m，悬臂长度 0.5m。则验算长细比时前者（JGJ 130—2011）的计算长度为 3.1m，后者（JGJ 162—2008）为 1.5m，两者差距为 2 倍，也就是说同一根立杆用 JGJ 162—2008 计算的承载力是用 JGJ 130—2011 计算的 2 倍，为保证超危模板支撑工程的安全可靠，建议稳定性验算采用《建筑施工扣件式钢管脚手架安全技术规范》JGJ 130—2011 作为计算依据。

结语

四个规范、标准不仅在适用性上存在差异，在立杆承载力荷载基本组合及取值计算和稳定性验算之间的差异也是比较明显的，站在超危工程的安全可靠性的角度以及考虑材料性能及工艺水平偏差，立杆承载力计算采用《混凝土结构工程施工规范》GB 50666—2011，稳定性验算采用《建筑施工扣件式钢管脚手架安全技术规范》JGJ 130—2011 还是相对可靠的。

参考文献

[1] 混凝土结构工程施工规范：GB 50666—2011[S]. 北京：中国建筑工业出版社，2012.
[2] 建筑施工模板安全技术规范：JGJ 162—2008[S]. 北京：中国建筑工业出版社，2008.
[3] 建筑施工扣件式钢管脚手架安全技术规范：JGJ 130—2011[S]. 北京：中国建筑工业出版社，2011.
[4] 建筑施工脚手架安全技术统一标准：GB 51210—2016[S]. 北京：中国建筑工业出版社，2017.

静压桩结合BIM的监理控制过程探索

季鑫桃
江苏建科工程咨询有限公司

摘　要：房建工程中静压桩是桩基础施工的一种环境友好型打桩方式，是以桩机自重及机架上的配重提供反力将预制桩压入土中。在南京六合姚庄5号地块姚庄安置房（经济房）工程中涉及预应力混凝土管桩和预应力混凝土方桩。如果按照保守设计的桩长去施工会带来大量截桩工作，一般桩基单位试桩后根据经验减少实际桩长，但经验很难保证每根桩最终都拥有足够的承载力。这时候监理就需要在旁站、巡视的过程中查看焊接质量、最终压力值以及提示安全施工。利用Revit配合Dynamo的二次开发，可以有效优化桩基施工过程中存在的隐性问题，将过程监理实时传递到模型并与模型进行精准关联，实现项目监理机构创新性管理。

关键词：坍塌事故；模板及其支撑；危大工程；超危工程；简易判断；安全验算

一、静压桩施工整体流程图（图1）

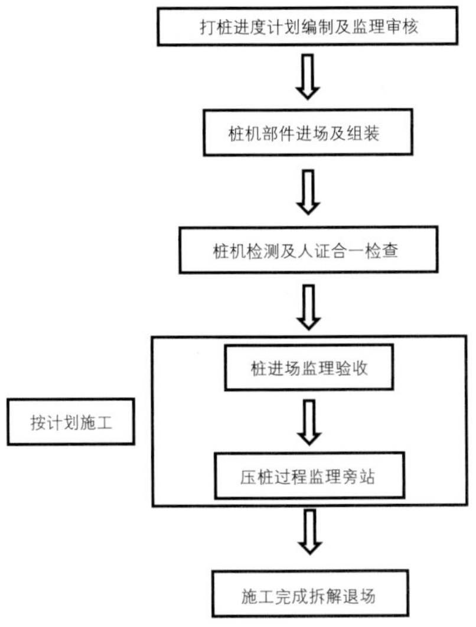

打桩进度计划编制及监理审核
⇩
桩机部件进场及组装
⇩
桩机检测及人证合一检查
⇩
按计划施工：桩进场监理验收 ⇩ 压桩过程监理旁站
⇩
施工完成拆解退场

图1　静压桩施工整体流程图

二、静压桩施工工艺及监理控制要点

（一）桩基施工工艺及关键工序旁站

1. 起吊前准备

二次运输：为了卸桩方便，一般将进场的预应力混凝土桩有序堆放在环形临时道路内侧。但这距离压桩施工地点较远，通常会配有反铲挖掘机对桩的二次运输。

在施工过程中最好能够避免二次搬运，当然也需兼顾材料进场时的方便。所以需要在材料进场前完成材料堆场的规划，在施工前与施工过程中不断调整与优化材料堆场方案。优化的本质是要通过算法进行方案的布置，而不是简单地照搬经验。当然笔者更倾向于利用经验去排除算法无法模拟的在人类主观感受下的不合理情况。

起吊准备：吊机双钩合一钩住工程桩端部，微微吊起。施工人员在提前标记好的起吊点的位置绑上两根钢丝绳。

旁站：监理人员在旁站时应注意吊点是否过于靠近端部，至于是否严格按照0.29L进行吊点布置则不需要特别关注。记录所使用的桩长，对使用异常桩长配比的情况及时记录并向专监汇报。

2. 第一节桩起吊、放置、压桩

桩垂直度观察：监理人员在桩机旁，

则在焊接操作区有一根铅垂线，单眼瞄准铅垂线，观察铅垂线与桩身侧边线是否重合。监理人员在压桩操作室，则通过水平仪上的气泡位置大致判断桩的垂直度情况。

3. 第二节桩起吊、放置、压桩

第二节或者其他节数起吊时注意桩身是否粘黏其他东西，比如泥土或者因泥土带着的碎石，注意及时清理，避免压桩时落下造成危险。第二节桩头压至距地面 0.5~1m，方便焊工全方位观察焊接。

4. 焊接前

清理桩头：晴天或者无须第二拖运的预制桩可简单清理，无须过多关注。二次拖运尤其是下雨后，桩头潮湿沾泥量过大。

上下桩对齐：现场可能出现压桩操作员会下机进行焊接施工的情况（两面围焊），监理人员可随机抽查，在焊接之前观察上下桩是否存在错缝。发现后立即禁止焊接工序，待上下桩整改对齐后进行下一道工序施工。

5. 焊接中

两人对面围焊，根据前几次焊接时间预估操作时间。若发现焊接时间低于或远高于这个预估时间，需及时向施工人员了解情况，避免桩基单位将问题下压不报。

本工程地库抗拔桩为两节方桩且焊接处加焊 4 个角钢。角钢质量大，焊接困难，用时较长且焊缝质量容易不佳。极有可能出现监理或其他管理人员不在场时施工人员漏焊或者不焊直接下压的恶劣情形，对此监理应采取角钢计量、焊接计时、突袭抽查等方案，当然最有效的莫过于施工单位对机长足够的质量安全交底，杜绝恶意降低工程质量的行为，按图纸要求规范压桩。

6. 焊接后

监理人员可随机抽查焊接质量，包括缝隙较大时是否使用规定垫铁进行塞焊。如果外观良好没有过多的焊瘤而且焊缝饱满度满足的话，减少后期抽查数量，减少焊接间隙时间。反之则要求补焊或者按要求严格计时。

7. 送桩

对于前期试桩不合格及总桩长超过 30m 的（含试桩）建议使用送桩器，其余的施工时默认可以用下一根桩作为送桩使用。规范禁止使用工程桩送桩，但根据工程桩超高强性能及工期进度等多方原因默许工程桩送桩。送桩是将桩顶送至设计标高处，而对于现场设计标高的确定需要监理随机核实以保证送桩的位置准确。

8. 最终压力值

根据桩机性能（一般都会有油压换算表）观察最终稳定值对应的压力。未达到设计标高的，进行多次复压。

要求复压：未达桩顶设计标高，如果专监在场会要求多次复压，一般只会复压 1 次。当离设计标高距离较大时桩机操作员会主动复压多次。

超送：达到设计标高时压力值应达到最低标准，否则进行超送直至压力值符合最低标准。

9. 施工过程中其余抽查

焊丝规格、品牌是否与报验一致；配重是否足量；记录表配桩情况是否如实；灭火器是否配备、有效；钢丝绳完整情况等。

（二）其他监理要点

总监与专监在现场巡视，除了观察上述监理要点以外，更重要的是对出现的不符合质量安全规定的问题进行资料搜集整理，与施工单位进行问题交涉，督促解决现场出现问题，并针对突出问题进行监理通知单的拟定，确定问题整改期限，批复整改回复单，完成一次问题的闭合。

三、静压桩与 BIM 融合的探索

（一）模型 1.0

BIM（Building Information Modeling）也称建筑信息模型，一个优质的模型最重要的莫过于模型中附带足够多的信息数据，而这些原始数据来自于施工记录表或监理旁站记录表。那么对于静压桩而言，模型外观的精致可以忽略，在简化模型的基础上如何能快速储存更多信息则成为静压桩与 BIM 融合

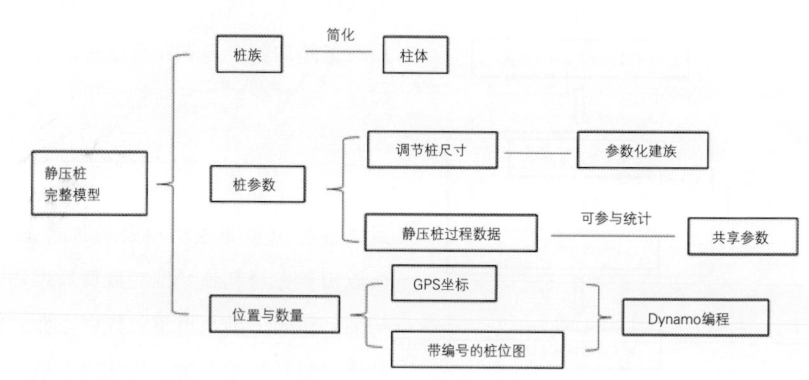

图2 静压桩完整模型图解

的关键问题（图2）。

1. 共享参数

Revit自建族参数少，且自建参数不能参与明细表数据统计，使得桩录入信息宏观角度把握不到，无法进行条件筛选等数据二次分析。

初期打桩数量少，可以一根根桩信息录入，录入的字段信息与旁站记录一致。但随着其他桩机的进场打桩数量多次翻倍后发现无法及时更新打桩记录，而且无用、重复字段过多更新速度过慢。在对字段进行细致筛选及考虑数据储存便利后，将共享参数进行二次变更。

2. Sheetlink插件

Sheetlink插件目的是批量输入参数，前期建模方案为复制一根更新一根。效率极其低下，且容易误操作、重复操作。经过多次尝试发现不使用Dynamo及二次开发无法将导出的明细表反向导入模型，所以若没有足够的编程知识只能对明细表进行笨拙的手动输入而不能如同Excel灵活又快捷地编辑参数数据。在一番寻找之后看到了Sheetlink插件，它不仅支持各种字段添加，而且可以直接选择生成的明细表类型，在导出Excel后还支持将变更数据后的表格重新导入模型。

需要注意某些标红的参数例如标高、族类型是无法通过此插件进行修改的。

3. Dynamo快速建模编号

Dynamo是可视化编程的一种，将含有程序的节点通过线进行连接，一根线的连接就意味着一次参数的传递。大幅度弱化学者学习计算机编程语言知识困难对二次开发的不利影响。

静压桩从以往的测量放线目前升级为使用GPS自动锁定桩位，误差最大化缩小的同时，可直接从系统中导出带有桩号的X、Y坐标值。通过Dynamo编程，读取Excel含桩号和坐标的数据，生成二维坐标及相同个数的族类型并复制，最终在项目中完成全部桩的模型建立，且此程序可移植性非常高。

（二）模型2.0

1. 模型1.0与模型2.0的区别

模型2.0最大的弊端在于完全放弃用Revit自带明细表进行数据统计，模型1.0中提出参与明细表字段的共享参数也将停止使用。其中主要矛盾在于模型自定义参数是用于Revit明细表字段的添加，进行统计管理的共享参数，还是需要在Dynamo中拾取参数名方便利用程序将Excel中对应数据更新到模型中的实例参数。

虽然两者可以共存，比如实例参数作为虚参驱动共享参数，共享参数与族模型联动。这样既能使用Dynamo编程更新参数数据，也能在Revit明细表中参与个性化统计，但并不建议同时使用。因为数据冗余增加计算机运算负荷且不符合BIM模型精简化的初衷，最重要的是模型建立完成后不通过Dynamo编程，却使用Sheetlink插件或者直接更改模型相关数据，会造成参数传递的逻辑冲突。

需要说明的是2.0不仅仅是1.0的升级版，而是提出两种选择。

2. 模型2.0方案建立过程

2.0版本中更加强调通过编程实现快速建模编号参数输入等功能，而被迫放弃的Revit明细表则由Excel强大的功能替代。后期的数据修改可以通过Sheetlink插件导出表格批量修改后导入模型，实现模型建立、数据修改快捷便利（图3）。

自建模型使用实例参数是不能参与Revit明细表数据统计的，唯一的途径就是通过Sheetlink插件。

3. Dynamo快速建模编号及参数输入

问题1：快速建模编号。

解答：有一个非Dynamo软件自带的节点，需要安装第三方节点包Clockwork。FamilyType.duplicate这个节点为第三方自定义节点，此节点打开后包含Python Script节点。该Python Script的功能是将读取的桩号附给复制好的相同数量的桩类型，使得每根桩拥有自己的ID。对于族类型名称的编号式命名需要在数字前加“'”，当然更加快捷的方式是将Revit导出含数字编号族类型名称的表格，建议使用Sheetlink插件导出。

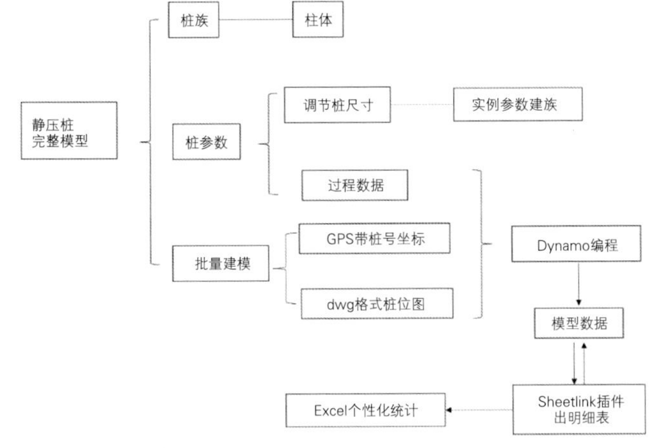

图3 静压桩完整模型图解2.0版本

问题 2：坐标数据过大，模型距原点过于遥远平面图不可追踪且与 CAD 底图对应困难。

解答：导入 CAD 图纸，移至原点附近。用模型线拾取 1 号与 2 号桩图纸轮廓，利用函数编程将原 1 号管桩坐标与图纸 1 号桩位圆心坐标对应，接着利用对应关系将所有的点移至原点附近。因为坐标数据形成的楼栋坐落方向与单个楼栋图纸方向不一致，故利用底图 2 号桩位圆心坐标、移动后的 2 号管桩坐标、底图 1 号桩位圆心坐标 3 点确定旋转角度，并将所有移动后的点全部旋转到与底图重合。

问题 3：有些楼栋既有使用 2 节桩也有使用 3 节桩（Revit 无法实现尺寸为 0 的实体）。

解答：2 节桩数据收集时按 3 节桩去填写，第 3 节数据默认 0。在 Dynamo 程序中增加对第 3 节数据的 if 条件判断。根据 bool 类型结果将决定该行数据是由哪个族类型去复制，当然有 2 节桩情况下，运行结果第 3 节桩参数变更节点会报错，这属于正常现象。

（三）模型 3.0

1.0 与 2.0 都是将图纸或载入或导入 Revit 软件中，软件本身对电脑配置要求较高，再将图纸上非常庞大的数据传入软件，无异于增加计算机运行负担。联想到 Revit 与 Fuzor 等软件实时联动的优势，也希望图纸与建模软件分离的同时也能实时联动。但目前没有一款插件能够完美地将图纸信息全部与模型联动。

那么继续探索得知以 Dynamo 为中转站，使用 Linkdwg2 节点包中的相关节点可以实现 AutoCAD 与 Revit 的实时联动。

模型 1.0 与 2.0 有一个特点就是数据名称在族制作这个阶段就必须赋予。但往往数据会在施工阶段不断更新迭代。所以模型 3.0 将控制族形状的尺寸参数与构件的信息数据分开，即尺寸参数以族中实例参数完成，而构件的信息数据在族载入项目后对该构建的项目参数进行设置更新。效果与族内的实例参数一致，但简化了建族难度，实现了族的可移植性。

（四）BIM 二次开发的目的

突破固有的构件属性，可以将施工过程信息毫无保留地关联到模型上，如果不进行二次开发，数据录入将非常枯燥且对模型构件多次点击总会无意间对模型定位做出破坏。虽然传统手工建模不难，但如果细致到区分每个构件，时间与效益的巨大差异也会让 BIM 放弃这些基础数据。

目前市面上的 4D、5D 技术，都是借用模型，利用其他软件按照一定的规则去分割模型，但这个数据传递过程是不可逆的，模型的改动可以在软件中更新，但软件中给构件增添的属性数据，只存在软件中，当然可以利用云平台去储存过程信息。

BIM 二次开发一方面是加快超越定义精度的模型创建速度，另一方面为了快速将施工过程数据与模型进行关联，而且这种关联的数据是可以随时更新的。

当面将数据全部载入模型有缺陷的，一方面是体量的庞大对操作的计算机负荷非常大，另一方面细节越多越不利于宏观把控。解决方案暂定为至少 BIM 团队配备专业高端电脑，其余查看模型可以借助第三方将模型量化，比如 BIM 5D 生成网页端模型浏览以及导入 Fuzor 后可以生成桌面 exe 轻量化模型浏览。第二个问题，有两个方向可以解决：一是借助 BIM 5D 平台的云数据处理，以甲方看板的形式完成数据的互动性与可视化，第二个就是创建网站去将相关数据通过自己公司的 IT 部门完成数据宏观集成，形成自家的工程数据看板。

目前 BIM 市场好的产品很多，笔者认为，如果自己没有足够能力开发那就综合有利的软件，因为目标是工程借助 BIM 技术实现质量保证、安全保障、进度优化和数据保留的设想。

盖挖逆作法地下结构大直径扩孔桩与钢管柱施工控制技术

董志山
北京赛瑞斯国际工程咨询有限公司

一、工程概况

深圳市城市轨道交通9号线西延线工程南油站位于深圳市南山区南海大道与登良路交叉口下方，为地下两层三柱四跨双岛式车站。车站总长度为334m，站台宽12m，车站标准段宽度为44.5m，底板埋深约17.26~18.59m，顶板覆土约3m。车站采用盖挖逆作法施工，车站中部采用138根Φ1000永久钢管混凝土柱，基础采用直径1800mm（扩底3600mm）的钻孔灌注桩（本工程为抗拔桩），桩长在基坑底以下10m，钢管柱嵌固入基础桩内3m。

二、大直径扩孔抗拔桩施工控制技术

（一）工艺流程（图1）

（二）护筒定位安装

控制方法：钻孔前采用十字交叉法在桩位周边设置4个控制点（东西南北各一个点，距离桩中心2~3m）。钻头中心对准桩位中心，同时调整好钻杆垂直度，缓慢钻孔至护筒底标高，随时用十字桩线检查钻头中心，确保与桩中心一致，见图2。

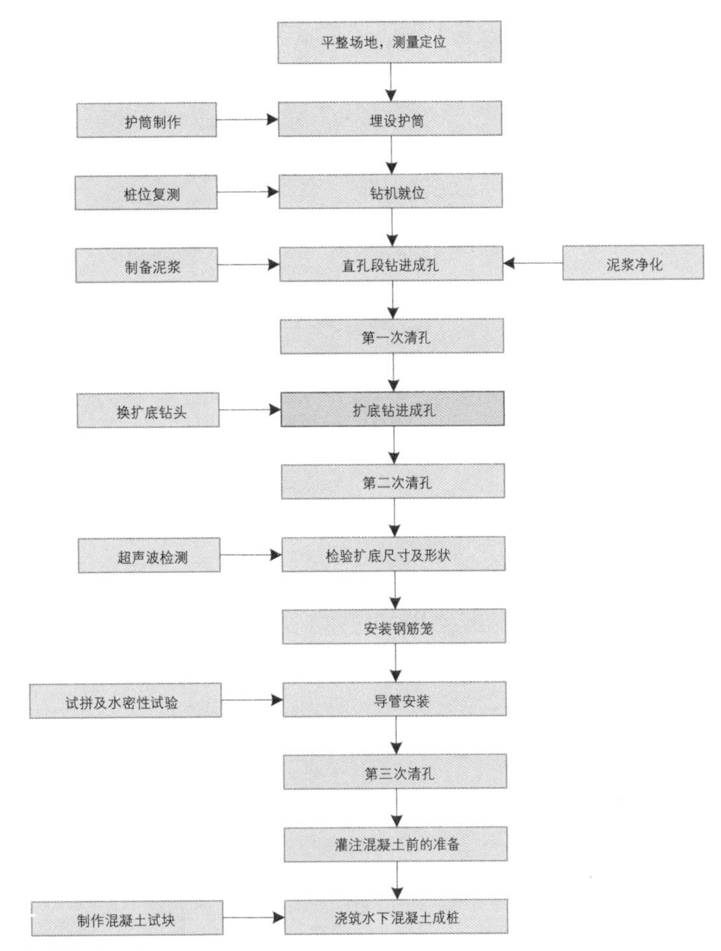

图1　扩孔抗拔桩施工工艺流程

（三）成孔控制要点

1. 泥浆控制要求

泥浆根据地层情况严格按照规范要求进行配置，边钻孔边加入泥浆稳定液，使孔内液面保持在孔口以下约1m的高度，以增加压力，保证护壁的质量。

2. 标准钻头钻进

1.8m桩径段采用1.85m的标准钻头（图3）钻进，旋挖机在开孔及护筒范围内钻进时要放慢旋挖速度，并注意钻进

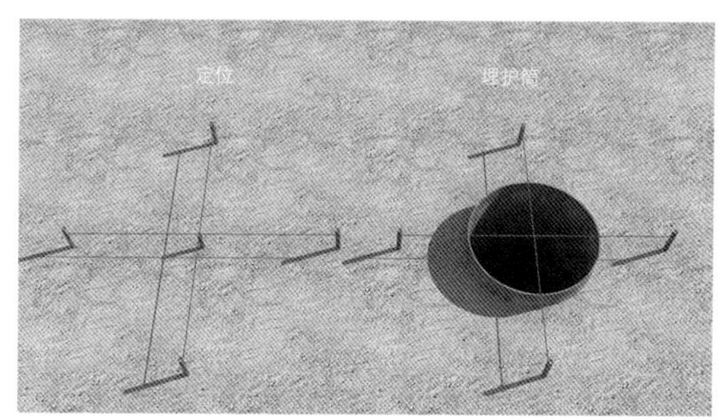

图2　十字交叉法护筒定位示意图

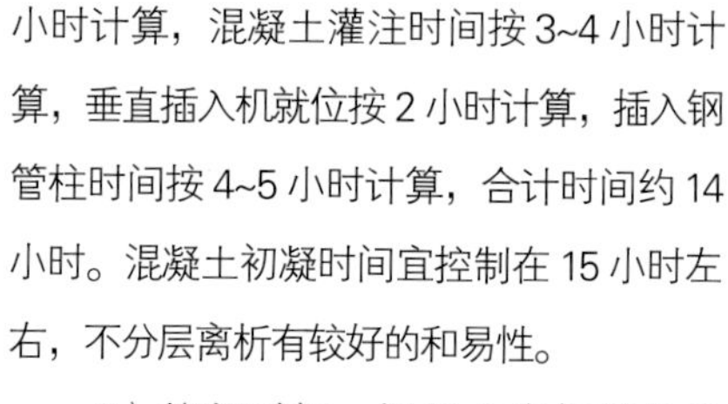

图3　直径1.85m标准钻头示意图

要稳，提钻要慢，特别是在孔口 5 ~ 8m 段旋挖过程中要注意通过控制盘来监控垂直度，如有偏差及时进行纠正，每次进尺控制在钻孔高度相匹配，并且不大于 500mm 左右。

3. 扩孔钻头钻进

桩底约 2.8m 范围内桩径从 1.8m 扩至 3.6m；扩底钻进施工前，应根据扩底直径确定钻机的扩底行程，并固定好钻头的行程限位器；当开始扩底钻进时，应先轻压、慢转，逐渐转入正常工作状态，当压至所标注行程时，旋转 5~10 圈后，回收行程；扩底钻进时，应选用优质泥浆并及时置换，孔内静水压力宜保持在 15~20kPa，应静心操作，防止孔内水压激变或人为扰动孔壁，出现坍孔现象。扩孔钻头标准状态示意见图 4，扩孔钻头扩孔状态示意见图 5。

4. 垂直度及深度控制

旋挖机操作员应根据旋挖钻机的施工影视装置（数据显示器）上的数据进行钻机钻杆垂直度及钻进速度和深度控制；在成孔过程中采取人工用测绳及垂直度检测仪进行成孔深度及垂直度的复核。

5. 清孔要求

钻孔终孔后，先采用旋挖机挖斗反复捞取沉渣进行初步清孔，清孔后的孔底沉渣厚度必须控制不大于 50mm；钢筋笼吊装后的最后一次清孔换浆，置换出来的泥浆相对密实度应小于 1.15，含砂率应小于 6%，泥浆黏度应控制在 18~25s。

6. 混凝土凝结时间控制技术

抗拔桩混凝土采用水下混凝土，坍落度宜控制在 180~220mm。考虑插入永久性钢管的需要，灌注桩的混凝土要有一定的缓凝时间。

1）初凝时间：混凝土运输时间按 1~2 小时计算，混凝土灌注时间按 3~4 小时计算，垂直插入机就位按 2 小时计算，插入钢管柱时间按 4~5 小时计算，合计时间约 14 小时。混凝土初凝时间宜控制在 15 小时左右，不分层离析有较好的和易性。

2）终凝时间：混凝土在钢管柱就位后越早凝固越好，考虑混凝土从初凝到终凝需要的时间，终凝时间控制在 24 小时左右。

7. 浇筑标高控制技术

为保证桩顶混凝土强度，桩头无浮浆及松散层，混凝土灌筑的最终顶面需高出设计标高不小于 0.5m。根据理论计算与施工经验统计总结，将混凝土浇筑面控制在桩顶设计标高下约 600mm 位置，即可满足钢管柱插入后，混凝土面上升超出桩顶设计标高 500mm 以上。桩基混凝土浇筑标高控制示意见图 6。

三、桩顶钢管柱施工控制技术

（一）桩顶钢管柱施工工艺流程（图 7）

（二）钢管柱机械仪器组合量测及预抬升控制技术

1. 中心定位控制

首先用全站仪红外投射出立柱中心点，然后拉十字丝到护筒边上，焊接 4 根定位钢筋，测出 4 根定位筋到中心点的距离，并做好记录。在 HPE 垂直插入机中心吊垂线与十字定位点对中进行机械就位，然后将钢管柱吊入 HPE 插入机并抱紧下放至十字线处，用尺子测出定位筋到钢管柱边的距离，加上钢管半径后，与之前记录好的数据核对。无误即可下放，有误差则靠 HPE 内部的 4 个液

图4　扩孔钻头标准状态示意图

图5　扩孔钻头扩孔状态示意图

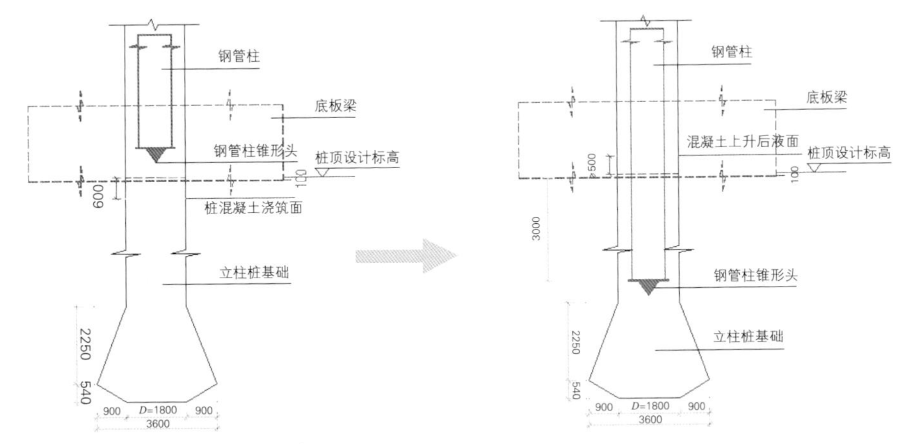

图6 桩基混凝土浇筑标高控制示意图

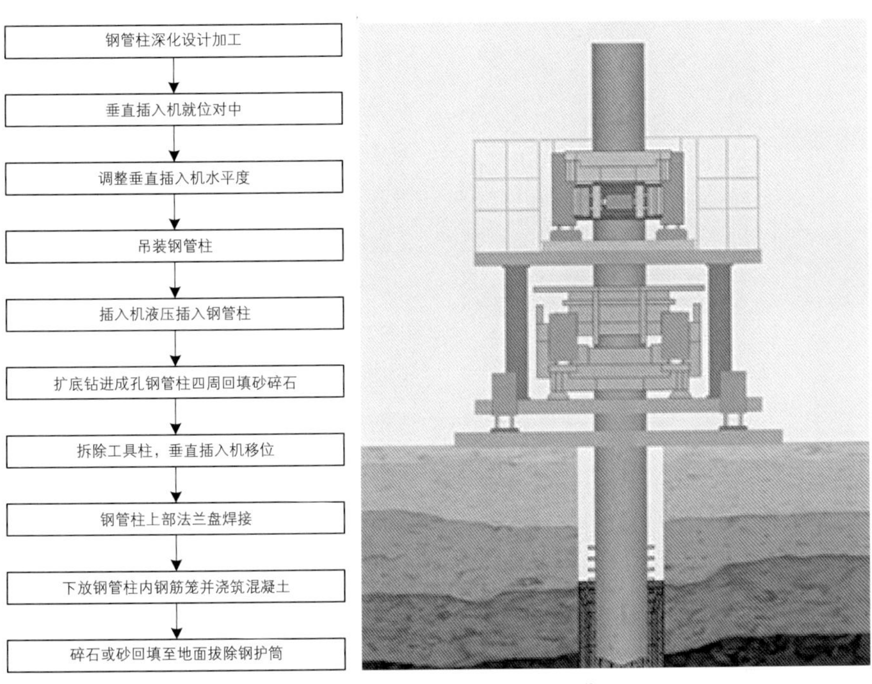

图7 桩顶钢管柱施工工艺流程

图8 HPE液压垂直插入机工作原理

压抱管活塞水平调差，直至对中。

2. 垂直度控制

钢管柱垂直度利用 HPE 垂直插入机自带监测设备及机械四角的调节顶升装置进行精确控制（图 8）。在钢管插入地面下之前用 HPE 机四条支腿的伸缩调整钢管柱与水平面 x、y 方向的垂直度，用经纬仪复测，满足要求后开始下放钢管柱。当插至混凝土顶面后，将垂直仪安放在钢管柱上，然后连接到电脑垂直测量系统并将数据归零，继续往下压将钢管柱插入混凝土中，直至设计标高，插入过程中通过垂直度传感器传到电脑上进行分析数据，同样调整四条支腿的伸缩量进行垂直度纠偏（图 9~ 图 11）。

3. 托架角度控制

工厂托架焊接前在钢管柱上标出轴线，根据设计托架与轴线的夹角确定托架的焊接位置。现场地面放出定位轴线，用经纬仪将钢管柱上标的轴线与地面轴线对齐即可。

4. 标高控制及预抬升

1）钢管柱竖向定位以中板上托架的设计标高为依据通过尺量测上返到工具柱上并做好标记，插入时以此标记为控制标高。

2）考虑到后期钢管柱由于自重、外部荷载的作用及受施工工况的变化影响会发生沉降，HPE 抱管机移位前在钢管柱上布设监测点并测定初始值，待土方开挖后再测一次，测得沉降 10mm 左右。因此，在钢管柱下压时应比设计标高预抬升约 10mm。

（三）钢管柱助沉及防碰撞控制技术

钢管柱下压过程中易与桩基钢筋笼发生碰撞，造成钢筋笼破坏或者钢管柱偏位卡住的情况。且钢管柱底部为平口，直接下压所受混凝土阻力较大，下沉难，对桩孔扰动大，可能造成坍孔断桩，需提前采用钢管柱助沉及防碰撞相关技术进行处理。

1. 钢管柱预留托架斜角切割

设计钢管柱托架预留长度大于钢筋笼内径，将钢筋笼托架进行斜角切割，即可满足设计规范要求的托架预留长度，也能满足钢管柱从钢筋笼内顺利下插（图 12）。

2. 管底加焊锥头

在钢管封底平钢板上焊接圆锥形钢构件（图 13），减少钢管插入混凝土中的阻力。

3. 钢筋笼顶弯制成喇叭口

将抗拔桩钢筋笼顶标高处的第一道加强箍筋外扩 40mm（1580mm 调整至 1620mm），上部钢筋往四周外扩，加大钢筋笼上口截面宽度。桩基钢筋笼顶喇叭口设计示意图见图 14。

（四）全护筒跟进法兰盘后焊接及顶

图9　HPE垂直插入机对中就位图

图10　抱管活塞进行钢管柱水平调差

图11　钢管柱调直后安放垂直度传感器

板锚固钢筋笼后插入控制技术

1. 全护筒跟进法兰盘后焊接技术

1）全护筒跟进：为确保人工孔内作业安全，成桩前埋设的护筒长度要满足地面至钢管柱顶以下约 500mm 的位置全覆盖，直径应比设计桩径大 200mm。

2）钢管柱四周回填碎石提供工作面：HPE 液压垂直机垂直插入永久性钢管柱 5 小时后，具体以同条件养护的混凝土试块达到设计强度 75%，即可对永久性钢管柱四周进行砂石回填，砂石的粒径控制在 5~25mm，在钢管柱四周均匀填入，回填高度至顶法兰接头以下 500mm 处（即钢管顶标高以下 1000mm），当钢管柱四周石子回填到位后，保证回填砂石沉积一定时间，抽出泥浆人工清理出工作面（图 15）。

3）工具柱拆除 HPE 机移位：待混凝土达到 24 小时终凝时间或同条件养护的混凝土试块达到设计强度 100% 方可割除工具柱，人工下井切割需佩戴安全绳，拆除工具柱后，由吊车将 HPE 垂直插入机移位即可。

4）顶法兰安装：HPE 机移位后，用 25t 汽车式起重机进行钢管柱顶法兰吊装，人工孔内点焊防脱，待后期土方开挖出操作空间后再补充满焊。

2. 顶板锚固钢筋笼安装后插入技术

1）钢管柱内混凝土浇筑：顶法兰点焊后，采用导管干作业灌注法进行钢管柱内混凝土浇筑。当灌注到法兰部位时，上下抽动导管使混凝土充分填筑法兰底部空隙，灌注到顶后观察一段时间，如混凝土自密下沉后再进行补灌。

2）顶板锚固钢筋笼插入：在混凝土浇至法兰盘顶部后，立即吊装顶板锚固钢筋笼下放，依靠自重插入柱顶混凝土内，用吊筋控制好钢筋笼顶标高，挑在护筒上直到混凝土终凝，再回填钢管柱上口至地面，拔除护筒。

（五）泥浆预抽防溢环保控制技术

1. 钢管柱下压前泥浆预抽取：抗拔桩吊装下放钢筋笼就位后，用泥浆泵提前抽出钢护筒范围内的全部泥浆，然后

图12　钢管柱托架切割成斜角示意图

图13　钢管柱底部锥形设计示意图

图14　桩基钢筋笼顶喇叭口设计示意图

图15　钢管柱外砂石回填

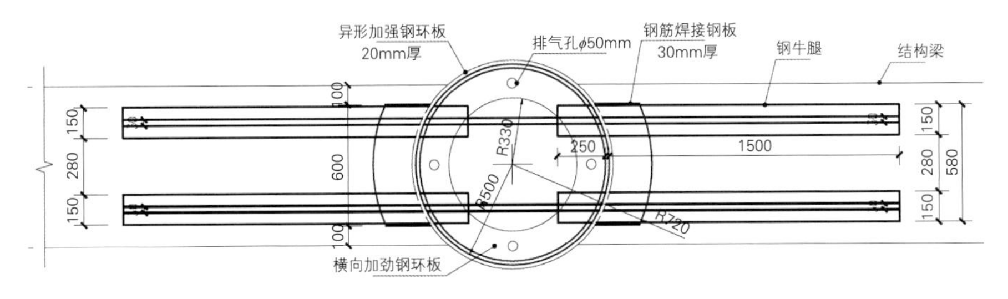

图16　超声管预埋平面图（图中**红色**圆圈为声测管）

再进行 HPE 机钢管柱插入施工，很好地解决了钢管柱下压过程中泥浆四溢的问题。

2. 砂石回填过程中泥浆预抽取：钢管柱外砂石回填过程中，边回填边灌水稀释泥浆边用水泵抽排，始终保证泥浆不会溢出。

四、质量控制技术

（一）工程实体质量检测

1. 抗拔桩质量检测

依据《建筑基桩检测技术规范》JGJ 106—2014 和《深圳市建筑基桩检测规程》SJG 09—2015 中对桩基实体质量抽检的规定，鉴于深圳市的地方标准略高于建筑行业标准的规定，项目决定采用深圳市地方标准的检测项目与数量的规定，即：（1）采用声波透射法进行 100% 桩身完整性检测；（2）钻芯法不少于总桩数量的 5%，不少于 5 根（待逆作法至底板时取芯检测）；（3）静载法检测不少于总桩数的 1%，不少于 3 根。

2. 钢管柱质量检测

1）钢管柱焊缝必须用超声波进行无损探伤 100% 检测，超声波检测无法对缺陷进行探伤时应采用 100% 射线探伤，每根钢管不少于 15 张，抽样拍片的部位由监理工程师指定，按Ⅱ级标准进行评片，满足《钢结构工程施工质量验收标准》GB 50205—2020 的要求。

2）钢管柱管内混凝土的浇灌质量，可用敲击钢管的方法进行初步检查，如有异常，则采用应变检测或超声波检测，30% 采用预埋超声波检测管，70% 采用低应变动力检测。做法是 3 根 D50×3mm 超声管，利用圆钢将超声管固定在钢管内环板上。对不密实的部位，应采用钻孔压浆法进行补强，然后将钻孔补焊封固（图 16、图 17）。

（二）抗拔桩及钢管柱施工过程质量控制要点

1. 泥浆性能指标

泥浆制备采用优质膨润土、烧碱、纤维素制成，根据现场实际情况，在施工现场设置一个造浆池和泥浆净化、循环系统。新拌制的泥浆应储放 24 小时后方可使用（表 1）。

2. 抗拔桩及钢管柱质量控制指标

钢管柱质量保证措施（表 2）

1）钢管柱的加工采取外委加工方式，选择具备相应资质能力、信誉良好、保证供货的加工厂家，并应经监理工程师考察认可。

2）钢管构件中各杆件的间隙，特别是缀件与管段连接处的间隙应按钣金展开图进行放样。焊接时，根据间隙大小选用合适的焊条直径。管段与缀件焊接时，焊接次序应考虑焊接变形的影响。

3）所有钢管构件必须在焊缝检查后，方能按设计要求进行防锈处理。涂防锈漆应在工厂完成，防火涂料在混凝土浇筑后涂刷。

4）钢管柱加工过程中，定期到厂检查加工质量，必要时派管理人员驻厂监造。钢管柱加工完毕出场前，指派相关人员到厂检查验收钢管柱质量。验收内容包括钢管柱的材料、物理力学性能

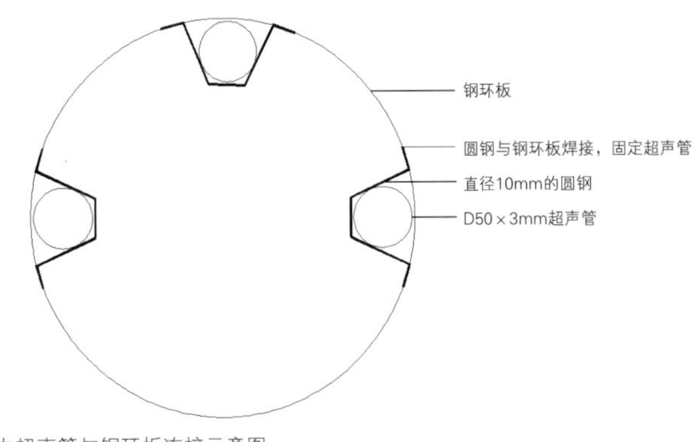

图17　钢管柱内超声管与钢环板连接示意图

泥浆性能指标及测试方法表　　表1

泥浆性能	新配制		循环泥浆		废弃泥浆		检验方法
	黏性土	砂性土	黏性土	砂性土	黏性土	砂性土	
相对密度/（g/cm^3）	1.04~1.05	1.06~1.08	>1.10	>1.15	>1.25	>1.35	比重计
黏度/s	20~34	25~30	>25	>35	>50	>60	漏斗计
含砂率/%	<3	<4	<4	<7	>8	>11	洗沙瓶
pH值	8~9	8~9	>8	>8	>14	>14	试纸

抗拔桩及钢管柱质量控制表　　表2

序号	检查项目	允许误差
1	护筒中心线	±10mm
2	抗拔桩和钢管柱中心线	±5mm
3	立柱标高	±10mm
4	立柱顶面平整度	5mm
5	护筒、抗拔桩、钢管柱垂直度	长度的1/1000且≤15mm
6	钢管柱、工具柱直径偏差	不大于±d/500且≤±5mm
7	钢管柱、工具柱长度范围内弯曲矢高	≤L/1500且≤5mm
8	构件长度偏差	≤±3mm
9	椭圆度偏差	≤d/500且≤5mm
10	焊缝余高	≤1mm
11	起吊挠度	≤1/1000L
12	钢管柱顶面不平度允许偏差	f/d≤5/1000且f≤3mm

指标、构件长度、垂直度、弯曲矢高等方面。

5）在各工种之间，或每个工序之间，必须按设计图纸进行自检和互检，并在钢管构件上打上各自的记号。

6）钢管柱的装卸及运输过程中，采取支顶、加固、捆绑等有效措施，防止钢管柱滚动、变形。对钢管柱锚钉、法兰盘等部位，采取特殊保护措施。

7）施工现场内设置钢管柱专用堆放场地，采用“上盖下垫”形式，上设遮盖防雨，防止钢管柱淋雨锈蚀，下设枕木垫高，保证离地高度不小于30cm。

8）加工成型的钢管柱需要将原材料材质单、自检合格报告以及焊接探伤报告报送监理部审查。

9）为了保证钢柱定位的精确度和垂直度，要求HPE机械安放地基坚固平整，施工场地不在马路面上时，场地采用250mm厚配Φ16双层钢筋硬化地面，然后铺设路基板。

五、抗拔桩及钢管柱施工过程安全控制要点

（一）在钢管柱外壁和上口均安装吊点，必须满足现场起吊要求（包括倾斜、垂直起吊等）。

（二）吊放钢筋笼及钢管柱设专职安全员，检查吊放环境及钢筋笼各吊点及料索的情况，符合安全吊放要求后才可正式吊放。

（三）吊装由专人指挥、统一信号，信号工和挂钩人员必须退至安全的地方后，才可起吊。起吊前，应将吊车位置调整适当，做到稳起稳落，就位准确，严禁大幅度摆动或碰撞其他物体。

（四）在确保孔内砂石回填密实，泥浆抽除到位，观察一段时间液面稳定不上升后，工人才可下井操作。

（五）重视个人自我防护，进行孔内作业前，先要落实防护设施，正确佩戴安全帽、安全带或特殊防护用品，防止发生人身安全事故。

（六）电气设备操作人员必须按照操作规程要求进行操作并佩戴防护用具。进行电、气焊作业时，必须有防火措施和专人看守。

结语

对于盖挖逆作法结构来说，水下深孔扩孔灌注桩的扩孔质量控制与钢筋笼定位和桩柱一体的钢管柱施工定位、工序衔接时间控制、相关工序流程控制要领，以及桩基静载检测方法等环节的控制要领一直是该工法的控制难点，本技术总结按照施工工序进行分别阐述，希望能对类似工程施工技术控制起到借鉴作用。

参考文献

[1] 深圳地铁9号线西延线9112-2标南油站钢管柱与立柱桩施工专项施工方案.
[2] 建筑基桩检测技术规范：JGJ 106—2014[S]. 北京：中国建筑工业出版社，2014.
[3] 深圳市建筑基桩检测规程：SJG 09—2015[S]. 北京：中国建筑工业出版社，2014.

浅谈如何做好ETFE膜结构施工

缪士勇

扬州市金泰建设监理有限公司

前言

ETFE膜材是一种柔性材料，在施加张拉力和充气后具有一定的刚度。在各种不利荷载组合下能抵抗外界荷载。ETFE具有良好的拉伸性能，能在原长的基础上拉伸4倍左右的长度。ETFE膜材可以完美地实现钢结构的不同造型，是建筑师实现对建筑外观要求的良好外维护材料。例如国家体育场（鸟巢）项目，钢结构采用弯扭构件，ETFE膜材便能将此项目完美地实现。

一、工程概况

扬州世博园选址于扬州市仪征枣林湾生态园核心区域的枣林湾湖畔，园区规划占地面积约220hm^2。地处南京、镇江、扬州三市交汇处，交通便利，拥有“三山五湖、两泉一河”的独特山水资源及自然生态环境。

本工程为国际馆ETFE膜结构屋面，采用与“水立方”同样的ETFE充气膜结构，配合整体结构的鱼形设计，外形流畅优美，ETFE膜结构呈斜向四边形设计，造型酷似鱼鳞层叠，视觉唯美大气（图1）。整个屋面约14000m^2，最高点约32m，共由1000个气枕膜组成，气枕膜采用不同透光率的膜材将屋面分为高透区和低透区两种形式。高透区上下两层均选用透明ETFE膜材，低透区则采取上层P63小印点和下层P46大印点的组合方式，非常合理地兼顾了外观和室内采光需求。

二、ETFE膜结构施工的特点，施工的重点、难点

ETFE膜结构施工除了满足外观及室内的采光等需求，还需要满足整个建筑的通风、消防等要求，所以ETFE膜结构设计增加了开启窗及熔断系统。开启窗平时日常作为通风、换气等功能使用，消防应急可连同熔断系统一起，共同作为屋面排烟系统满足消防联动功能的需求。

施工重点、难点：

（一）电动开窗器系统

本项目开启窗约1400m^2。开启窗部分需考虑钢构件的安装精度对开启过程的影响及开启45°的要求，还要考虑消防功能。根据项目所在地气候条件，还需考虑使用环境的要求。

（二）防水处理

该项目ETFE气枕既是能满足设计师对建筑外观美学要求的产品，又是作为屋面防雨、防晒的功能性材料产品，尤其在本项目中，ETFE气枕与开启窗的结合，使得防水性能尤为重要，是ETFE屋面的一个重点和难点。

（三）材料采购

本工程所有ETFE膜材采用旭硝子品牌，气枕膜材选用分别为250μm的纯透明P63及P46印点。

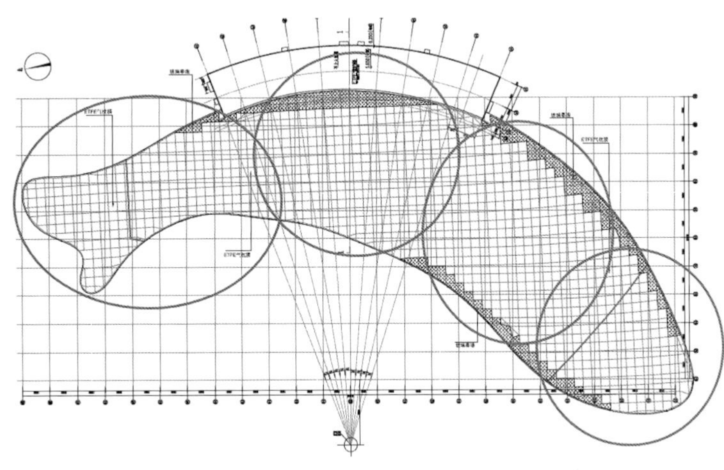

图1　扬州世博园国际馆ETFE膜结构屋面

（四）施工测量

扬州世博园项目的主体建筑平面布局呈伞状六边形，二次钢构件的定位点均为双孔位拟合坐标，所有二次结构的构件均为成品构件拼装，测量点位多，精度要求较高。

三、做好ETFE膜结构施工的对策和措施

（一）明确膜安装流程

施工图纸深化设计→钢结构及二次件现场实测→挂架、爬梯、安全绳等安全措施平台安装搭设→设备及送风管系统安装和调试→铝合金底座安装→开启设备安装→拉设兜膜绳网和安装准备→ETFE膜包吊装就位→ETFE膜包展开、穿铝合金夹具→ETFE膜张拉调整和膜边固定→气枕单元膜边铝合金盖板安装→接入送风软管和充气测试。

（二）深化设计及细化设计的工期保证措施

节点的深化设计将由业主、监理、工程设计单位总体协调、探讨后才能决定，所以各成员单位将在现场派常驻工程师，以便进行充分的技术协调，缩短配合、协调的时间，同时各成员单位将抽调充分的资源（如设计及工艺人员，计算机及配套人员）来确保加快设计进度。

细化设计的时间可完全由设计部门控制，为确保按既定工期完成，公司将抽调充分的设计人员、工艺人员及其他有关的工程技术人员，配套服务人员及有关设备、软件。

（三）做好相关膜结构施工部署

为保证目标的实现，本工程要求做好以下工作：①配备经验丰富、施工能力强的项目班子，实行项目经理负责制，对项目深化设计、材料采购、膜结构制作加工、打包运输、现场协调、膜安装全过程实行全面统一管理。②做好项目前期的准备工作，在施工图纸确定后，着手制定节点工期计划，编制详尽的施工方案和施工作业计划。③加强与项目现场的沟通，了解工程进展情况及钢结构空间分部情况，提前准备测量人员及设备，及时组织进场，并根据钢结构实际安装误差情况分别对每片膜进行点位设计及布置设计。④做好材料采购，准备设备和劳动力。材料的采购严格按照公司合格供应商名录选用，每批材料均进行进厂的严格复检；设备提前检查，确保运行良好；选用经验丰富、施工精细的工人进场施工，并于进场前做好相应的安全技术教育工作。⑤安排膜加工厂按标准加工好膜片，并严格按程序检验、检查膜材加工质量，严格按照公司规定包装运输，确保膜材在加工、运输过程每一个环节的安全。⑥按发包方要求的时间组织选派公司内经验丰富、技术过硬的管理班子，选用优质的施工队伍进场安装。⑦进场前对以上人员进行技术、安全、作业计划全面交底。⑧施工过程中严格劳动纪律，认真执行检查制度，对于不合格的材料、工艺等坚决抵制，保证工程质量和安全生产。⑨认真执行施工作业计划，若受天气影响应及时安排加班加点，确保节点工期，保证总工期不受影响。

（四）做好相关测量工作

扬州世博园项目其顶棚结构工程具有独特的特点：多边形多，区域跨度大，定位精度要求高、难度大；空间节点多，测量定位部位多；施工时，分阶段、分区域，看似单一，但又形成连续性的整体；随二次钢结构施工，测量顺序为“第一分区→第二分区→第三分区→第四分区”；施工现场视线阻挡多、位移多、机架高点架设多等。

1. 在扬州世博园ETFE膜结构项目安装测量过程中，为了及时准确地做好施工测量工作，测量人员在工作中应遵循以下基本准则：①认真学习并执行国家法令、政策与规范，明确为工程服务，本着按图施工的原则和对工程质量负责的态度进行工作；②遵守先整体后局部、高精度控制低精度的工作程序，即先测设场地整体的平面和标高控制网，再以控制网为依据进行各局部建筑物的定位、放线和抄平；③要严格审核原始依据（设计图纸、文件、测量起始点位、数据等）的正确性，坚持测量作业与计算工作步步有校核的工作方法；④坚持测法要科学、简洁，精度要合理、相称的工作原则，要合理选择、正确使用、精心爱护仪器，在测量精度满足工程需要的前提下，力争做到省工、省时、省费用；⑤执行一切定位、放线工作在经自检、互检合格后，方可申请主管技术部门预检及质检部门验线的工作制度，严格执行安全、保密等有关规定，用好、管好设计图纸和有关资料；⑥紧密配合施工，为后续施工创造优质条件，发扬团结协作、不畏艰难、实事求是、认真负责的工作作风。

2. 测量仪器设备应按管理制度严格管理，强调如下：①应维持测量人员、仪器设备的相对稳定性，无特殊情况不得随意调配；②测量人员应持证上岗，仪器设备应在检定周期之内，杜绝“黑”器具的出现；③测量人员应经常随时检查仪器设备，对误差较大的应重新检验；④测量仪器设备检定合格后方能使用。

3. 做好膜结构加工测量。本工程膜结构加工测量工作量大；单体结构复杂，

由于该项目气枕铝合金底座设计为首要防水节点，尤其开启窗系统安装对气枕铝合金底座平整度的要求和膜结构张拉受力的要求非常高，测量结果决定了后期膜材加工的精准和施工质量，所以膜结构加工测量的精准，在整个项目中是保障膜结构整体质量的重中之重。由于本工程不存在一个单一、集中的结构测量过程，因此，必须根据本工程的施工特点，依据二次钢结构和铝合金施工顺序逐区进行测量。膜结构施工测量方法的选择和确立，是保证工程质量的重要环节，而且施工测量是延伸和连续的工作，在实施操作时要实事求是，必须结合现场铝合金施工进度、膜结构设计要求、防排水系统设计要求、开启窗设计要求有针对性地进行测量，为膜结构成品能满足各项设计需求提供最精准的数据和条件。

（五）做好膜材的检测

加强膜材原材料的质量控制，膜材的参数：厚度、重量、抗拉强度、断裂延伸率、撕裂强度、表面印刷、透光率等应符合要求，同时应做好相关的检测工作。

1. 测试种类：①一般项目的测试有进场测试、加工时的内部测试、外部测试等；②进场测试是为了检验供应商的材料是否满足其自身产品要求，每卷做 1 次；③加工时的内部测试是为了检验加工成品是否合格，每班次 1 次（工厂部制作、试验中心测试）；④外部测试是将原材料和成品（普通焊缝和边界焊缝）送交实验室（如 SGS 等）做测试，并出具报告；⑤防火测试报告由厂家提供。

2. 测试数量：①由招标文件确定各种测试数量，招标文件无明确说明的，外部测试数量根据项目大小决定；②项目大于 10000m^2，按每 5000m^2 做一次，项目小于 10000m^2，按每 2000m^2 做一次。

3. 测试流程：测试信息（膜材进场信息）→确定标准→制图并填写测试申请→检验试件并寄送→确认报价→审核报告草稿→催收报告正本及填写付款申请→测试完成。

4. 测试标准及试件：①一般情况下，测试标准由项目招标文件决定；②招标文件未明确说明的，按照厂家参数表中使用的规范；③试件尺寸根据标准要求制作。如涉及未提及的标准或新标准，可请实验室提供帮助，确定试件尺寸并制图。

（六）做好供气系统施工

在本项目 ETFE 膜结构气枕安装前，必须完成对 ETFE 供气系统的安装和调试工作。ETFE 气枕如果没有完整的供气系统进行工作，气枕将不能安装。

1. 供气系统设计。本项目气枕由 5 台德国 Elnic 的 Eluft 600 型供气机进行供气，每台供气机的额定流量为 1200 m^3/h。供气机通过供气管道与每一个 ETFE 气枕连接。为保证供气系统的良性运行，供气机与气枕内部气压设置气压感应装置，供气机与气枕外部设置风雪感应装置，均可以调节气枕内部压力，以保证气枕膜结构的智能良好运行。

2. 供气系统布置与设定。供气机位于业主指定的安装区域，该项目为一层平台。1 台供气机具有 2 台风扇，正常状态下，仅需 1 台风扇运转即可满足正常气压的供气。每隔一定时间，2 台风扇在运转 / 休息状态进行切换，从而延长整个供气机电机的使用寿命。在供气初期或气枕系统整体气压过小时，瞬间会启动 2 台风扇同时运转，以达到最短时间内完成供气并达到最大气压值。每台供气机均配备有滤网和干燥机，从而给气枕系统提供洁净干燥的空气。滤网必须定期更换，设计更换周期为 6 个月一次，具体以使用地空气质量情况而定，如施工时段，粉尘较多，在竣工后必须更换。底环梁处设置第一级供气管道（材质 HDPE 直径 200mm），连接气枕处为第二级供气管道（材质 FEP 或 PTFE 直径 110mm）。第一管道拟采用 HDPE，第二级管道采用 FEP 或 PTFE 材质，均具备长期耐候性和气密性。

3. 供气系统安装。本项目现场应具备已经通电或为供气设备提供了合格和不间断的电源的条件，才可以安装供气设备，供气设备固定电源或临时不间断电源位置（含接地装置）和监控面板位置需指定机房不能移动。依据图纸，安装供气管道，管道安装中，可以在二次钢结构施工完成后进行施工。供气管道在设计前期，已经结合主钢结构节点，进行了分段布局，确保所有抱箍及连接节点合理布局。根据图纸编号或现场需求合理使用，保证接头位置完好密封，连接构件抱箍稳妥紧固；管道安装完成后，各气枕分支供气口使用胶带临时封闭，在气枕安装时根据需要随时拆除驳接供气软管（图 2~ 图 4）。

（七）做好二次钢结构的配合工作

二次钢结构成型后基本决定了气枕膜结构的质量，使得二次钢结构的安装过程尤为重要，二次钢结构的安装精度，直接影响后续所有工序的安装精度及速度，所以，二次钢结构的安装精度及速度直接决定了后续气枕膜的加工及安装效果。与钢结构施工单位的沟通协调工作成为膜结构的一大重点。

（八）做好测压系统安装

供气系统管道完成安装的同时，完成对图纸布局内测压系统及测压模块的安装，每台供气系统均配备压力感应器，最小压力感应器监控离供气机较远处气

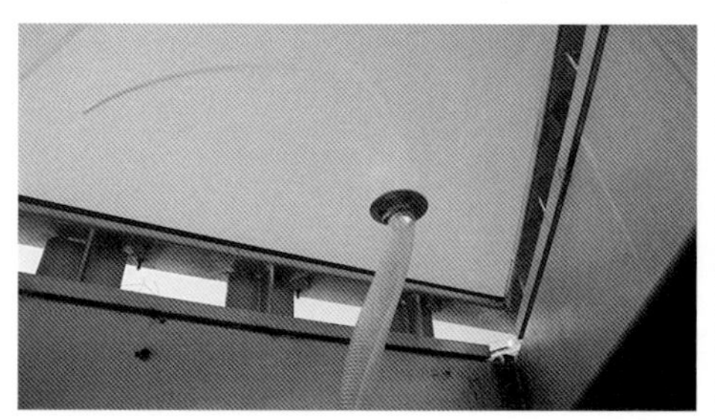
图2 供气系统连接示意图

图3 安装固定示意图

图4 单个气枕完成效果图

枕的内压，最大压力感应器监控离供气机较近处气枕的内压，标准压力感应器监控中间位置气枕的内压。当标准感应器检测到气枕压力达到设定值以上（320Pa）后，风扇停止运转，当气枕压力低于设定值以下（如280Pa）后，风扇再次运转。在施工过程中，需要值得注意的是，测压感应线属于弱电系统，需业主提供弱电布线槽，并且该弱电线槽在本项目中，局部与熔断系统强电交叉，在后续实际施工中，监理还需追踪弱电和强电线槽规范分割布局。

（九）做好ETFE气枕的施工

ETFE气枕的施工安装顺序根据钢结构的安装顺序，自一端头向另一端顺序安装。膜材倒运至需安装位置的附近侧方区域。按照安装方向在地面对膜材进行展开检查，确保即将安装的膜材无损伤。按照安装位置，将膜材吊至安装区域，边对边角对角展开，并观察安装区域的尺寸大小。根据设计节点样式，气枕进气口连接末端供气管。对膜面的每2条对边同时施加张拉力。首次张拉未到位的，需间隔一段时间，方可继续进行第二次张拉。张拉到位后对四边进行固定。固定完成后可进行充气，观察安装效果。铝合金盖板安装并做好接头部位的防水。整个项目整体调整膜面，做到平整美观。安装防鸟支架（如有），项目整体调试验收。

（十）做好供气系统调试

供气系统安装完成后，首先对供气管道进行除尘清理，通风清除施工中有可能残留的碎屑和颗粒粉尘。调整最大测压模块和最小测压模块的模拟压力，以检测施工中线路通畅和供气设备显示数据的正常化。

（十一）做好膜结构工程的验收

根据本工程膜结构的特点以及施工特点，参照相关规范、规程要求，将关键控制点表格化，并呈报给业主和工程监理进行审批，定稿后作为本工程膜面安装验收单。对已完成膜面进行自检，检验完成后通报给业主与工程监理进行阶段验收。膜面整体安装完成后再次通报业主进行本工程的全面质量验收以及查看膜布情况。

按以下项目仔细全面检查膜面：①膜面有无眼孔、划口；②膜面有无擦伤、磨损；③接缝和拼接处有无划口或剥离；④检查损伤的修补情况；⑤检查有无不寻常的松弛或张力损失；⑥检查有无污损等；⑦注意有无积水部位。

周边压件情况：①检查所有固定件，三元乙丙胶条及铝合金压条有无损坏、锈蚀；②检查所有压板螺丝是否紧固。

（十二）做好膜结构的维修工作

当某个气枕或者几个气枕发生破损时，应及时对破损的膜材进行修补。具体修补步骤如下：①用登高车或者天沟上的检修通道将修补的人员送到破损气枕的位置；②修补人员用ETFE修补胶带将损坏的区域用专业工具进行修补；③对于微小的损坏，可使用ETFE专用胶带进行修补；对于较重的损坏，可先使用ETFE修补胶带等一些措施进行抢救性修补，然后重新加工破损的膜材，并进行安装。

结语

综上所述，在ETFE膜结构施工过程中存在一些常见问题和诸多需要注意的细节、要求和方法，只有严格按照膜结构工程施工的相关技术标准、规范要求和工艺流程等组织施工生产，并多总结施工经验，注重施工细节，才能逐步实现膜结构施工总体施工质量目标。扬州世博园4月8日在扬州仪征枣林湾开幕，其中膜结构国际馆项目工程顺利完工并验收通过，已进行投入使用，得到了社会各界的赞许。

参考文献

[1] 膜结构技术规程：CECS 158—2015[S]. 北京：中国计划出版社，2016.

[2] 膜结构工程施工质量验收规程：T/CECS 664—2020[S]. 北京：中国计划出版社，2020.

[3] 钢结构工程施工质量验收标准：GB 50205—2020[S]. 北京：中国计划出版社，2020.

工程地面沉降控制与监测方法

陆筛明
上海景灿工程建设监理有限公司

摘　要：上海地区地面沉降问题是历史遗留问题，工程地面沉降控制与监测也是绕不过的话题。按要求建立地面沉降监测控制网，重点监测地下水抽与灌总量平衡，把工程对周围环境的影响降到最低点。工程地面沉降监测贯穿基础工程的始终，要求对周边受保护对象的损害控制在允许范围内。实践证明地面沉降通过严密监控是可以控制在设计确定的范围里。本文给出的工程地面沉降控制与监测方法，旨在提高认识并供同行参考。

关键词：工程；地面沉降；控制；方法

引言

上海为什么要控制地面沉降呢？原因之一是人们早期在城区过量开采地下水，造成地面沉降十分明显。苏州河河口外白渡桥桥堍防汛墙，20世纪初的河边铁索栏杆在汛期已经淹没在河水中，经现场查看，20世纪初河边铁索栏杆与如今的河边栏杆上下落差超过2m。著名的黄浦江外滩，它的防汛墙经多次抬高，号称能抵挡百年一遇的洪水，可是，在洪水期间黄浦江外滩的观景平台同样沉没在江水中。从另外一个角度看，控制地面沉降的文件规格也逐级提升，由1996年的《上海市地面沉降监测设施管理办法》提升到2006年的《上海市地面沉降防治管理办法》，再到2019年出台的《上海市地面沉降防治管理条例》地方行政法规。由此可见，上海地面沉降控制不仅十分重要，又非常紧迫。

坐落于上海闵行区中部的万源城A街坊商办项目在城区西南部。该地段易发生地质灾害，在此从事深基坑开挖活动须高度重视地面沉降带来的危害，避免造成受影响区域内的建（构）筑物墙体和道路开裂、地下线路管道水平位移和垂直位移，给基坑安全带来不确定因素。

一、工程概况

万源城A街坊商办项目位于闵行区，东临万源路，南靠顾戴路，西面为古美公园，北侧是平吉路，平吉路北侧是万源城邦别墅，顾戴路南侧是复旦大学附属儿科医院。工程用地面积34049.93m^2，总建筑面积137527.9m^2，其中地上建筑面积91863.93m^2，地下建筑面积45663.97m^2。场地分南、北两个地块。北地块主要由19层办公楼、20层酒店和服务式办公楼、附设2层平战结合人防车库组成。南地块由5层总部办公楼、6层商业和配套公建、附设2层平战结合人防车库组成。基坑支护结构为0.8mx27m，28m深地下连续墙（以下简称“地墙”）和1.0mx27m，28m深地墙以及二道钢筋混凝土支撑。基坑挖深12.65m（局部最深13.25m）。

二、周边环境

场地中部有隧道穿过，隧道顶埋深16.9~19.6m，基坑最深处13.25m。顾戴路路下埋设了自来水、雨污水、电力电缆、通信电缆线路管道，万源路路下同样埋有上述线路管道。顾戴路南侧是著名的复旦大学附属儿科医院，万源路东侧已建成高层住宅，场地北侧有万源城邦别墅。因此，顾戴路、万源路及周边受影响区域内建（构）筑物和线路管道设备的水平、垂直位移成为基坑监测和控制的重点。

三、基坑监测

监测单位根据专家评审通过的基坑支护结构工程设计方案、施工方案、降水方案等文件编制监测专项方案，监测专项方案经公司技术负责人审核报总监理工程师批准后方可实施。

（一）工程监测等级

万源城A街坊商办项目地下建筑基础埋深 –12.65m（局部最深 –13.25m）。查《基坑工程施工监测规程》DG/TJ 08—2001—2016 第3.2.2 条第1款工程安全等级，属于一级安全等级基坑工程；第3.2.3 条周边环境保护等级二级；第3.2.4 条地质复杂程度（暗浜、承压水），属复杂级（表1）。

综上，本基坑工程监测等级判定为一级安全等级基坑工程。注意监测受影响范围内的保护对象的水平位移和竖向位移，且重点监测竖向位移。

（二）支护结构监测点布置

沿基坑周边布置，阳角处、基坑深浅变化处、地下管线密集处、应力变化特变处、支撑、围檩的中部等，监测点的间距25m左右，详见监测专项方案。

（三）周边环境监测点布置

受基坑开挖影响的半径范围在2~3H（H为基坑开挖深度，下同）之间，此范围里的受保护对象均由专业监测单位按设计方案、规范要求及经批准的专项监测方案布点。

1. 附近建（构）筑物的布点

复旦大学附属儿科医院沿顾戴路一侧的建（构）筑物、万源城F街坊沿万源路一侧的建筑物转角点、万源路与平吉路转角的电信铁塔均要布点。古美公园里的桥梁台座也要布点。布点间距18m左右。

2. 基地围墙外马路上布点

在沿基坑周边的万源路和顾戴路非机动车道上、受基坑开挖影响的2~3H半径范围内其他道路上布点，用于观测地下自来水管等线路和管道水平位移、垂直位移，监测点间距22m左右。

3. 邻近地面监测点

基地西侧古美公园靠近基坑一侧人行道上布点，基地北部生活区硬化地坪上布点，布点3个。

重中之重需要保护好以上按要求布置的监测点。

（四）监测井布设

基坑外布设水位监测井3口，布置在基坑外侧3m处，详见监测专项方案平面布置图。基坑内水位观测井与降水单位的观测井合用。

（五）监测精度（表2、表3）

（六）基坑降水

本项目地质报告查明地下埋有2层承压水，第一层在⑤2层（层顶标高 –9.33~–10.52m），第二层在⑦层（层顶标高 –23.4~–25.63m）。《基坑工程技术标准》DG/TJ 08—61—2018 第15章第4节关于基坑降水要求，承压水在基坑开挖面以上，开挖面（–12.65m，最深 –13.25m）在承压水下面，降水应降到 –13.75m，且满足基坑降水方案设计的水位要求。在承压水的作用下，原来基地内的勘探孔和试验孔发生突水、管涌的现象大概率会发生。因此，基坑内的试验孔用水泥浆封闭，基坑外的试验孔用黏土封闭。土层压缩变形量计算式如下[3]：

$$S=\psi_w \sum \frac{\Delta\sigma'_{zi}\,\Delta h_i}{E_{Si}}$$

工程监测等级[1] 表1

工程监测等级 \ 周边环境保护等级 \ 工程安全等级	一级	二级	三级
一级	一级	一级	一级
二级	一级	二级	二级
三级	一级	二级	三级

水平位移监测精度[1] 表2

监测等级	一等	二等	三等
监测点坐标中误差/mm	±1.0	±3.0	±5.0

竖向位移监测精度[1] 表3

监测等级	一等	二等	三等
监测点测站高差中误差/mm	±0.15	±0.5	±1.5

式中：S——土层压缩变形量（m）；

ψ_w——沉降计算经验系数，无经验时，宜取 =1；

$\Delta\sigma^1_{zi}$——土层的附加有效应力（kPa）；

Δh_i——第 i 层土的计算厚度（m）；

E_{Si}——第 i 层土的压缩模量（kPa）。

（七）基坑外隔水

基坑外隔水，现场采用超高压摆喷注浆 RJP 型 + 地墙，高压摆喷注浆堵住地墙接口渗漏水，见《超高压喷射注浆技术标准》DG/TJ 08—2286—2019，浆液在地墙接口外侧凝固成扇形柱，扇形柱需进入坑底隔水层土层一定深度且满足专项方案要求。基坑外超高压喷射注浆对地墙接口防渗漏的作用明显。

四、基坑监测频率及报警值

（一）监测频率（表 4）

（二）监测报警

根据本地区软土基坑时空效应和环境效应及过程中分级控制要求，监测指标分为监测预警值和监测报警值两种（表 5~ 表 7）。

五、地下连续墙监测

委托有资质的监测单位按照监测方案实施监测。监测包括水平位移、垂直位移、测斜三种。水平位移主要是监测围檩在跨中应力最大处的地墙，垂直位移主要是支撑交叉点的格构柱和栈桥。此外，地墙墙后土体垂直位移比土体水平位移大，地墙墙后土体垂直位移也是关注重点。测斜是基坑三条长边中点外侧的测斜孔（需保护好测斜孔）监测，以此检验地墙中段的倾斜程度。

监测频率[2] **表4**

施工工况 / 监测项目分类	土方开挖前	从基坑开始开挖到结构底板浇筑完成	结构底板浇筑完成后3天到地下结构施工完成	
			各道支撑开始拆除到拆除完成	一般情况
应测项目	影响明显时1次/天，不明显时（1~2）次/周	1次/天	1次/天	（2~3）次/周
选测项目	1次/周	（2~3）次/周	（2~3）次/周	1次/周

基坑周边管线、建（构）筑物监测报警值[1] **表5**

项目 / 监测对象	变化速率/（mm/d）	累积量/mm	备注
燃气、自来水管线位移	2~3	10~30	金属管道
通信、电缆管线位移	3~5	10~40	塑料管道
附近建（构）筑物位移	1~3	10~40	建（构）筑物适应变形能力

安全等级报警值[2] **表6**

基坑工程安全等级 / 监测项目	一级		二级		三级	
	变化速率	累计值	变化速率	累计值	变化速率	累计值
	mm/d	mm	mm/d	mm	mm/d	mm
地墙侧向最大位移	2~4	0.4%H	3~5	0.5%H	3~5	0.8%H
支撑轴力	构件承载力的80%					

环境保护等级报警值[2] **表7**

基坑工程安全等级 / 监测项目	一级		二级		三级	
	变化速率	累计值	变化速率	累计值	变化速率	累计值
	mm/d	mm	mm/d	mm	mm/d	mm
地墙最大侧向位移	2~3	0.18%H	3~5	0.3%H	5	0.7%H
地面最大沉降		0.15%H		0.25%H		0.55%H
地下水位变化	变化速率/（mm/d）：300；累计值/mm：1000					

六、地下水控制

（一）降水工程设计、施工控制

基坑地下水控制贯穿基坑工程安全控制工作的始终。万源城 A 街坊商办项目坐落在闵行区中部地质灾害易发区，场地下面存储二层承压水，是易引发地面沉降地段。按《上海市地面沉降防治管理条例》和《上海市基坑工程管理办法》的规定，基坑施工期间降排水和回灌水须同时进行，总量保持动态平衡，在现场建立地下水平衡控制体系，有利于保障基坑的安全和质量。基坑施工期间降水、土方开挖、土方车对土层的扰动均会在受保护区域内引发一定程度的地面沉降问题。因此，避免地面沉降问题发生就是为了保证基坑工程安全。

（二）专家论证降水设计方案

委托有资质的专业降水单位，进场摸清地下水的分布情况，编制有针对性的降水专项方案。经专家论证的降水专项方案，用于指导现场降水工作，严格按照降水专项方案控制好抽水节奏，控制地面沉降值在规范、标准限定的合理区间内。

（三）人工回灌地下水

应用国家级“抽灌一体”地下水控制功法，把抽出的地下水经沉淀，用物理和化学方法等一系列措施处理，降低水中杂质和易氧化的化学物质含量后再回灌至基坑外含水层中。减压井与回灌井在同一含水层时，坑外回灌井与隔水帷幕的水平距离为6m。

七、基坑开挖与监测

基坑开挖前坑底加固。在集水坑、电梯基坑以及靠近隧道侧范围坑底土体重点加固，坑底裙边土体重点加固，其他部位以格栅形式加固。采用全方位高压喷射注浆地基加固。地基加固期间应对受影响区域内的保护对象进行监测，每天应监测一次。

土方开挖期间，按照监测单位实时提供的监测预警值和监测报警值及时调整施工进度计划或放慢土方开挖速度，防止坑底隆起、管涌发生，保证基坑的稳定和安全。加固后的地基方便土方开挖以及垫层施工。同时，施工场地做好场地硬化和利用明沟排水，坑底挖好排水沟、集水井及时排除积水。

八、监测成果文件

监测日报表里填报的数据必须真实，应包含时间、日期、气象、温度、施工情况、监测预警值和监测报警值等。如遇报警值数据飘红，则必须找出数据飘红的原因，报表尽快报送相关方，由相关方积极采取相应的补救措施。同时将监测日报数据上传至“上海市基坑工程信息化管理平台”。

结语

基坑工程将朝着超大工程方向发展，城市发展向更广阔的地下空间发起挑战，基坑工程监测技术发展很快也越来越先进，如今已进入自动化监测信息时代。万源城A街坊商办项目基坑工程在开挖面积、开挖深度上属中等规模，资料显示，已有基坑开挖至30m深。经过项目参建方的共同努力，基坑工程地面沉降值控制在设计和现行规范标准允许范围之内，对复旦大学附属儿科医院的建（构）筑物、东侧高层民用住宅、西侧古美公寓桥梁、北侧万源城邦别墅、通信铁塔以及附近周边道路的沉降影响也控制在可接受范围内，避免了附近地下水管爆裂现象，取得了较好的经济效益，达到了保障基坑、周边建（构）筑物、道路、自来水管、雨污水管、电缆信息线路安全的目的。然而，现有的技术水平还有进一步上升空间，可以更上一层楼。因此，必须虚心学习前辈的经验，向更高的目标看齐，向更难的项目靠拢，才能为公众提供效果更好的服务。

参考文献

[1] 基坑工程施工监测规程：DG/TJ 08—2001—2016[S]. 上海：同济大学出版社，2016：6-8，22-24，43.
[2] 基坑工程技术标准：DG/TJ 08—61—2018[S]. 上海：同济大学出版社，2018：130-132，155-156.
[3] 建筑基坑支护技术规程：JGJ 120—2012[S]. 北京：中国建筑工业出版社，2012：101.
[4] 超高压喷射注浆技术标准：DG/TJ 08—2286—2019[S]. 上海：同济大学出版社，2019：7.

哈尔滨大剧院异形曲面幕墙的监理实践

钱英育

浙江江南工程管理股份有限公司

摘　要：本文结合剧院工程项目监理的实践管理经验，介绍异形曲面幕墙质量的监理控制要点，总结监理在大型剧院工程实践中关于质量控制、进度控制、投资控制、安全控制、合同管理、信息管理、组织协调等方面的监理经验，提出监理管理的创新措施，介绍监理单位可提供的增值服务，为今后剧院项目的监理实践提供参考。

关键词：幕墙工程；直立锁边板；监理要点

一、哈尔滨大剧院项目概况

哈尔滨大剧院位于哈尔滨市松北区文化中心岛内，为一处新建文化演出及配套发展项目，其中包括大剧院（1564座）、小剧场（414座）、地下车库及附属配套用房等，总建筑面积79396m^2，最大高度56.48m。该项目是哈尔滨标志性建筑，依水而建，其建筑与哈尔滨文化岛的设计风格和定位相一致，体现出北国风光大地景观的设计理念。其服务范围为哈尔滨全市居民以及世界各地来哈尔滨旅游的游客。作为公共建筑，设计应不局限于大剧院本身的剧院功能，力图从剧院、景观、广场和立体平台多方位提供给市民及游人不同的空间感受。

图1　幕墙工程类型分布

本项目幕墙工程主要涉及玻璃采光顶、金属复合屋面、清水混凝土板幕墙、石材匝道、立面玻璃幕墙、入口铝板雨篷、地弹门等系统（图1），本文重点讨论金属复合屋面系统的施工监理工作实践。

二、幕墙金属复合屋面构造

（一）直立锁边金属复合屋面

幕墙采用直立锁边金属复合屋面结构，其基本构造（从外到内）为：5mm

白色搪瓷釉面和高反光的铝单板（三种板型分别为平板、单曲板、双曲板）；铝合金副框；铝合金框架；1.0mm 铝镁锰合金板；170mm 厚憎水保温棉（自带防潮薄膜）；0.2mm 厚优质夹筋铝箔隔汽膜；2mm 厚镀锌钢板；钢檩条（表面热浸镀锌处理）；钢制转接件。屋面檐口断面采用铝单板封口，屋面板断面用专用堵件封堵。外层铝单板为敞开式结构，板块之间的缝隙宽度为 15mm。

大小剧场及连接造型挑檐部分采用 5mm 穿孔铝单板，穿孔率 50%（挑檐穿孔铝单板内部不设直立锁边板）。屋面四周设置不锈钢天沟，天沟采用 2mm 厚 316 不锈钢板制作，天沟底部采用 170mm 保温憎水岩棉保温处理，岩棉底部为 2mm 厚热浸镀锌钢底板。

（二）直立锁边板的排版设计

首先利用犀牛软件分析出屋面的等高线，然后按屋面坡度方向布置直立锁边板。拟合屋面造型，根据屋面曲率变化的特点，对不同区域分别采用直板、扇板、直弯板和弯扇板来拟合屋面曲面（图 2）。由于屋面呈不规则异形，某些部位直立锁边板的布置方向与坡度方向存在角度，这样就必须控制立边咬合的方向性，避免雨水量大时立边呛水。

（三）屋面排水

本工程为坡屋面，雨水沿屋面坡度自然向下排。水量大时，会有少量水沿屋面装饰板向下排，其余大量雨水会沿板缝落到直立锁边板上，沿直立锁边板向下排。檐口处铝板开排水孔，雨水由排水孔排到石材步道上，再沿步道坡度流入步道下方的排水沟内排出。一层顶部设有排水沟，雨水沿直立锁边板排到排水沟内排出。

（四）屋面装饰板连接系统

由于本工程屋面为异形双曲面造型，装饰板分格方向与锁边板立边方向的夹角为变量，经分析，二者最大夹角为 45°。因此，铝合金连接框的布置必须进行装饰面平面内的角度调整。为了满足构件强度和构造尺寸的要求，屋面装饰铝板采用浮动式连接，定距压紧，可吸收平行装饰面内的变形，避免对直立锁边板产生长期应力，提高屋面的可靠性。装饰板通过铝合金角码和螺栓与铝合金装接框连接。铝合金角码开竖向型孔，可吸收装饰板内上下方向变形；螺栓可在铝合金转接框的螺栓槽内滑动，可吸收装饰面内左右方向变形。

三、项目监理组织体系

公司组建以项目经理和总监为项目总负责，剧院研究中心专家咨询组提供技术支撑，总监代表、各专业监理工程师为核心的监理团队，并按照土建、钢结构、舞台灯光音响、幕墙、机电、标识、通风、水暖等不同专业工程，配备经验丰富、技术过硬的专业监理工程师，并设置测量组、安全文明组、信息资料管理组和造价工程组，每个专业组都由小组组长负责，整个监理组织机构成员各尽其责，充分发挥个人专业优势，为哈尔滨大剧院项目正式竣工并按期投入使用发挥了重要的作用，实践证明，一个优秀的项目监理组织机构，对工程项目的管理至关重要。

四、四控两管一协调严要求，抓落实

公司从项目进场开始，就严格按照“四控两管一协调”进行项目管控，即安全控制、质量控制、进度控制、投资控制、合同管理、信息管理、组织协调。

（一）全控制

结合本项目特点，编制了项目安全文明施工管理办法，各参建单位严格执行。同时建立安全周检查、月检查，专项检查等制度，并形成一套有效的整改落实管理机制，当现场出现较多的安全问题时及时约谈施工方公司领导，及时管控项目施工的整体安全。

针对本项目幕墙专业特点，认真审核幕墙施工组织设计中的安全管理措施，同时制定幕墙施工现场重大危险源的安全监控要点，建立安全生产领导小组，重点抓人员到位且执证上岗、总包管理

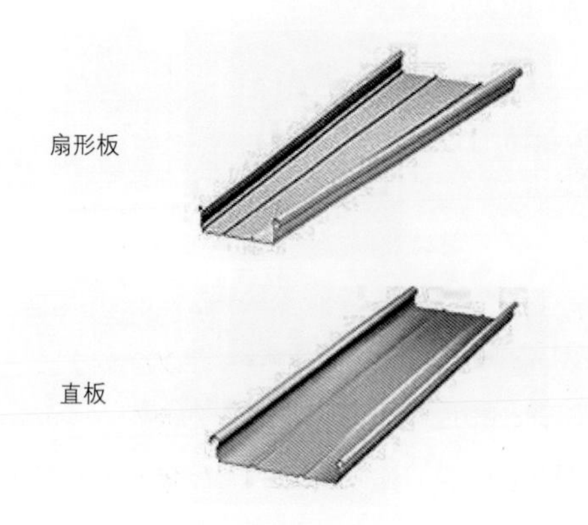

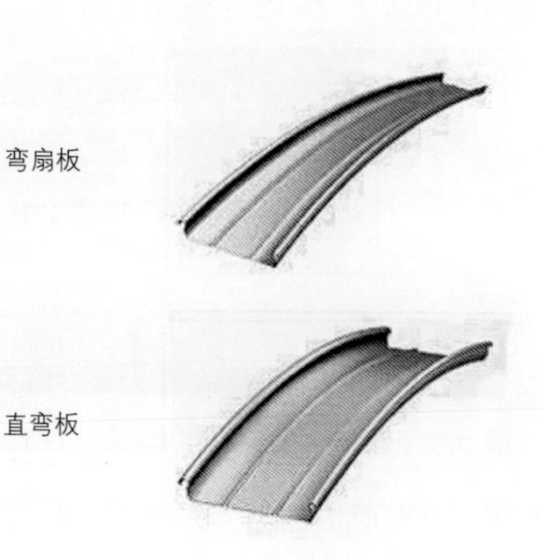

图2　直立锁边板屋面排版分布及类型

效果、安全交底等管理措施，未经三级安全教育不得上岗，对现场多个幕墙工作面进行巡视与专项检查，发现隐患及时督促施工单位整改，做到安全监理范围全面覆盖。

（二）质量控制

执行监理首件样板验收制度，凡是现场第一次进行的工序和分项工程，如幕墙装饰铝板、幕墙直立锁边板、幕墙保温岩棉、幕墙转换结构层等施工，均结合现场施工作业面，进行首件施工，由施工、监理、业主、设计、顾问等单位共同组织验收，通过后再予以大范围施工。

同时，由于该项目体量大，原材料的质量管理是确保工程质量的源头，所以项目部结合现场施工的金属屋面铝板、直立锁边板和保温岩棉等进行厂家考察，且现场施工过程中安排专人进入厂家进行构配件出厂前的质量检验，有效地实施了质量事前控制和事中控制。

（三）进度控制

在工程项目实施前期，监理项目部配合各参建单位制定项目实施总进度控制节点计划，包括项目前期报建进度计划、专业招标投标进度计划、设计出图进度计划、施工进度计划、竣工结算报审进度计划等，并进行统一的管控，确保设计进度满足招标和施工进度，招标和前期报建进度满足现场施工进度，施工进度满足竣工结算报审进度。

本工程工期紧，为了确保工程按期完工，监理部认真开展事前、事中的管控，减少事后处理的协调沟通问题，比如幕墙专业工作面大，受现场条件的限制，需要多专业密切交叉作业，为此，项目监理部在施工前系统研究材料进场计划和现场作业面相匹配，积极与厂家联系，确保进场材料与现场施工作业面不发生冲突，同时每天晚上组织工作协调例会，总结当天现场施工完成的进度情况，同时落实第二天的施工计划，施工过程中监理监督到位，在允许冬季冬歇的前提下依然完成工期目标，按期投入使用。

（四）投资控制

本项目投资监理控制重点抓以下3个方面：

1. 设计管理

建设工程投资管理贯穿于项目建设全过程，但是对项目投资影响最大的是项目决策阶段和设计阶段，数据表明，设计阶段对整个项目造价的影响程度高达75%以上。本项目监理部在设计方案论证、设计出图、设计变更等各个阶段进行管理，协助建设单位把好设计质量关与设计出图进度关的同时，还进行投资控制管理，如多方案设计优选，既满足工程质量和功能使用要求又不超投资限额，如果因设计原因超出投资限额，设计人员必须无偿修改、返工，因设计责任进行的工程变更，导致超投资限额的应给予处罚，因施工责任进行的工程变更，一切经济损失由施工责任方承担。

2. 施工管理

首先，协助建设单位编制合理的资金使用计划，确定年度投资控制目标。然后根据投标确定合理的合同价款，对施工阶段的进度款进行审核，在符合现场进度且满足合同条款要求的前提下支付进度款。其次，严格审核施工组织设计，一个合理的施工方案与措施，为投资控制目标的实现创造了必要的前提条件，通过加强工程质量的管理，减少各种“后遗症”的发生，可以减少工程交叉作业施工过程中不必要的签证，也可以减少工程使用过程中的维修、保养费用。最后，严格控制工程变更和现场签证，在工程项目的实施进程中，由于受不可预见的多方面因素影响，经常会出现工程量变化、施工进度变化，而不得不调整施工进度计划或者增减工程量，且设计变更一般要影响工程造价，增加费用。因此，严格控制工程变更，对必要的变更应首先进行技术经济比较，对可能影响投资的各个方面因素详加分析，选择经济合理的技术措施，力求减少变更费用。同时，由于工程的特殊性，签证部分所产生的费用必然会在整个工程造价中占有一定的比例，为了合理确定和有效控制工程造价，必须严格控制现场签证，如现场签证应规范、详细；对签证事项，其发生的费用由谁承担应详细标明；对施工方提出的签证事项，应严格审查、仔细分析，防止对同一事项以不同方式重复签证。

3. 正确处理索赔，把好工程结算审核关

工程索赔一旦被提出，就要认真分析其提出的要求是否合理、合法，计算是否正确，依据是否齐全。对于认定后的索赔要以书面形式答复索赔方，使索赔尽快被解决，任何把问题搁置下来留待以后处理的想法，都会导致矛盾复杂化、增加补偿费用、处理困难等不良后果。同时，安排造价工程师，依据施工合同及工程竣工图等资料，严格审核施工结算，把好工程投资管理的最后一道程序。

（五）合同管理

首先，协助建设单位完成专业工程的招标投标工作（如幕墙工程施工招标），对招标文件的内容、标底、清单进行审核并提出意见和建议，协助建设单位选定优质的承包单位及供应商，从工程建设的源头把好关。

其次，在工程项目建设实施阶段，

对监理工作范围内的合同履行进行全过程的监控、检查和管理，建立合同管理台账。

（六）信息管理

信息管理是工程监理任务的主要内容之一，本项目建设复杂、工期紧、任务重，及时掌握准确、完整的信息，可以有效地推进工程进展。为此，监理部设置了信息资料管理组，开工前及施工过程中，多次邀请当地档案馆人员前往项目部进行工程资料归档宣贯，项目部资料管理组积极落实并按照工程资料归档要求，高标准进行过程原始资料的收集与审核，为工程顺利竣工与移交奠定了良好的基础。

（七）多方式多途径进行协调

通过各类例会及专题会议方式、约谈单位法人等交谈方式、厂家考察、政府部门报建等访问方式；同时运用监理QQ群、微信群，网络办公平台等信息化手段多方式、多途径进行沟通与协调，以解决项目实施过程中出现的各类问题，更加有效地推进工作。

五、工程监理含项目管理，增值服务合同

针对本工程项目的特点，公司在工程监理的基础上，提供了项目管理服务，工程监理团队侧重于工程施工管理与协调，工程管理团队侧重于工程招标投标、工程设计、工程投资及项目管理工作，为业主提出了很多合理化建议和意见，以提供业主满意的服务。

（一）站在业主的角度，提出合理化建议

本项目幕墙工程在实施阶段，针对幕墙屋面直立锁边板设计，提出了局部区域抗风能力不足的设计意见，如安装斜坡较陡的区域增设了拉杆，以便抵御东北强风天气的风力影响；幕墙设计模型实施前，建议与精装设计模型、土建设计模型、市政设计模型等进行校核，一方面明确施工设计界限，另一方面校核各模型设计标高与尺寸的衔接。

（二）实施项目管理，实现监管一体化

本项目建筑结构复杂，技术先进，各专业交叉作业面广点多，为此公司配合建设单位组建了项目管理团队，形成一个大的项目管理部门，主要管理工作包括：

建立完善的项目管理体系，为项目建设明确了各参建单位的职责分工，制定了有针对性的绩效考核管理办法，如项目管理手册、安全文明施工管理办法等。

编制招标投标清单，审核合同条款，选择经验丰富、信誉优良的承包商，把好各专业施工合同签订的质量关。

做好设计管理工作，从设计方案、施工图设计及深化设计、设计变更等各个环节控制设计的进度、设计的质量，并对设计图纸的发放及技术文件进行管理，做好设计协调专题例会和设计交底会。

协助建设单位办理项目前期各类开工手续，同时组织工程竣工验收前的各类专项验收与政府各部门报验手续。

（三）提供BIM技术支持，实现网络办公平台

本项目幕墙屋面工程设计全部为异形曲面，每一块装饰铝板的尺寸大小均不一样，在项目实施阶段，公司BIM研究中心安排专家全程跟踪技术服务，如方案设计时提供的三维效果是否合理，屋面装饰铝板板块划分的工程量审核，就现场安装施工作业面区域的划分给予合理化意见等，为现场幕墙施工监理提供了技术支撑，在质量控制、进度控制，安全控制和投资控制方面起到了积极的作用。

本项目通过精装设计模型、幕墙设计模型、土建设计模型等共同校核，发现精装吊顶标高与幕墙标高不一致，在施工过程中也验证了这一问题，如图3所示，通过事前的BIM技术支持，确保了施工质量的控制。

六、公司剧院研究中心技术支持，创新管理

本项目地处极寒地区，工程紧、质量标准高、投资控制难，同时整个屋面幕墙为异形曲面结构，在诸多因素的交叉影响下，公司利用剧院研究中心平台，充分发挥了国内大型咨询管理公司的管理水平，具体如下：

（一）编制项目管理手册，指导现场实施项目管理

项目开工之初，公司剧院研究中心协助项目总监，结合本项目的实际情况，认真进行了项目策划，编制了项目管理手册，并及时发给建设单位、各施工参建单位，同时召开专题例会进行宣贯与交底，指导后续项目管理工作的开展。

（二）方案审核，技术把关

本项目重点方案的审查，公司在项目监理部审查的基础上，由公司剧院研究中心专家做进一步审核，提出合理化建议，在技术上给予有力支撑，如参加幕墙施工组织设计审核、幕墙铝板方案设计研讨会、幕墙电伴热融雪技术讨论会等，以及对幕墙铝板投入使用后的保养维修，为建设方提供了很好的建议。如本项目幕墙坡度非常大，在方案审核过程中，提出了必须加强抗风掀能力设

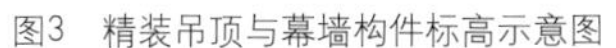

图3　精装吊顶与幕墙构件标高示意图

图4　幕墙拉杆构件与屋面步道主龙骨连接设置

计，因此，增加了一道拉杆设置，与屋面步道主龙骨连接，增强了结构安全性。如图 4 所示。

（三）现场召开剧院研究中心研讨会

为了有效地指导本项目建设，公司副总组织剧院业内专家以及公司已完成和在建剧院项目的总监、技术骨干等剧院研究中心成员（如沈阳文化艺术中心、无锡大剧院、廊坊文化艺术中心、珠海歌剧院、淮安大剧院等），先后多次前往本项目现场召开剧院研究中心研讨会，通过本项目各参建方的汇报和现场观摩，来自全国各地的与会专家提出了一系列合理化建议，既解决了本项目建设中遇到的难点，又吸取了国内其他已完成和在建剧院项目建设中的经验教训，为本项目建设的高效管理提供了保障。

（四）公司编制出版剧院工程建设指南，有效指导项目建设管理

公司有幸承接了 30 多个大型剧院、音乐厅工程的代建、项目管理或监理工作，工程建设中遇到了大量的困难和问题，在解决问题和总结经验教训的过程中，公司编制并正式出版了《剧院工程建设指南》，此时，本项目正处于幕墙安装及室内装饰阶段，其中在幕墙工程在材料的选用、施工监理标准的编制、安装后线型美观的验收，以及保温防水、竣工验收等方面，该建设指南都起到了非常好的指导作用。

结语

哈尔滨大剧院项目是国际国内剧场建设的代表，对监理工作提出了更高的要求。项目监理部在原有质量、进度、投资、安全控制的基础之上，增加了招标清单编制、项目前期报建及管理策划、竣工结算审核等项目管理增值服务，不断创新，利用 BIM 技术等先进的管理手段及方法，充分发挥公司剧院研究中心核心资料库及专家技术的支持，借鉴公司多年来承接的数十个剧院工程管理经验，为哈尔滨大剧院项目建设提供了切实可行的、有针对性的措施和建议，赢得了建设单位及各参建单位的认可。项目先后获得中国钢结构金奖、“沈长哈”三市优质观摩工程金质奖、黑龙江省“龙江杯”、2016—2017 年度建设工程鲁班奖、第十四届中国土木工程詹天佑奖等荣誉。希望本项目工程的监理实践能为今后的监理工作提供借鉴。

悬臂式深基坑支护工程的安全监理工作要点

汤汉斌
湖北建设监理有限公司

摘　要：三层地下室的深基坑支护方案，比较成熟的做法是采用两道内支撑。跟随新时代创新发展的要求，调整支护桩的配筋，将原来的两道支撑“合二为一”设置在冠梁下的适当位置，这样深基坑支护的冠梁以下形成“悬臂”，这样的悬臂式深基坑支护工程，能够比较明显地节省造价、节约工期，但技术上的安全风险增加，安全监理工作更应高度重视。

关键词：悬臂式深基坑支护；方案审查论证；信息法监测；危大工程巡查

深基坑支护是一个复杂的系统工程。随着工程规模的扩大，地下空间的规模、复杂程度大幅增加，如大型综合体项目、综合管廊等，深基坑支护工程的要求也在“水涨船高”，既要满足工程的空间、安全要求，又要适应工程的“限额设计、节约工期、经济适用”等综合要求。悬臂式深基坑支护工程，比较好的适应了新时代的工程设计要求，但是在施工机械化、信息化监测、安全管理等方面提出了更高的要求。

一、工程概况

某综合体项目由 1 栋 42 层办公楼、1 栋 18 层副楼及 1 栋附属裙楼、展览厅，3 层地下室组成，地下室面积 8.75 万 m^2，基坑面积为 30329m^2，平均开挖深度 12.7m，局部 14.5m。地上建筑面积 191292.71m^2，总建筑面积 282982.05m^2。

本工程基坑基本为长方形，约 125×280m，采用支护形式为：大直径排桩 + 一层钢筋混凝土内支撑 + 桩后三轴搅拌桩，局部采取被动区加固。

基坑周边严禁堆土，支护桩顶后侧 2.0m 范围内严禁堆载，2.0m 范围外地面荷载应不超过 25kPa，严禁超载；施工栈桥部分堆载板限载 30kPa。基坑坡顶采用截排水沟、集水坑进行地表水的疏导、明排，及时排入指定的市政管道。

本工程采用设计院牵头和施工单位组成联合体的 EPC 总承包项目管理模式。

二、悬臂式深基坑支护工程安全监理工作要点

（一）施工准备阶段的安全监理工作要点

1. 悬臂式深基坑支护方案的设计及其审查论证

在工程的地质勘查报告（详勘）和工程基础初步设计完成后，基坑支护设计单位及施工单位就开始了悬臂式深基坑支护方案的设计工作，经过几轮的探讨、优化，EPC 总承包单位拿出了正式的本工程悬臂式深基坑支护设计方案。报专家委论证并落实专家委提出的相关问题后，进行了补充完善确定。

2. 悬臂式深基坑支护施工方案的编制

按照基坑支护设计单位提供的经过论证完善的本工程悬臂式深基坑支护设计方案，施工单位组织编制了深基坑支护施工方案，经过 EPC 总承包单位、建设单位、监理单位的探讨、改进，监理单位、建设单位同意将方案报专家委论证，在完善落实了专家委提出的系列意

见及相关要求后，监理单位批准了 EPC 总承包单位修改后的“深基坑支护施工方案（论证版）”。

3. 悬臂式深基坑支护施工方案的交底

悬臂式深基坑支护施工包含支护桩、止水帷幕、局部被动区土体加固、冠梁、内支撑、信息法监测的预埋点/管等。按照批准的深基坑支护施工方案的管理体系及管理人员、施工计划、主要的施工技术措施等，督促 EPC 总承包项目部向施工班组的班组长、操作人员进行施工交底，统一施工布置、质量技术要求、安全管理要求、报验及质量控制程序要求、资料管理要求，杜绝无序施工、无人自检、无交接班记录、对存在的隐患或问题不记录或无据可查、资料不同步等现象，施工管理过程中出现异常情况，必须向各方负责人汇报。

（二）施工阶段的安全监理工作要点

按照“一法一条例”、《工程质量安全手册》、建筑工程质量终身责任承诺书、危险性较大的分部分项工程管理规定及主管部门的要求，监理工程师按照“超危大工程”对本工程的悬臂式深基坑支护施工进行安全管理。

1. 悬臂式深基坑土方开挖的条件控制

按照《建筑地基基础工程施工质量验收标准》GB 50202—2018 和深基坑设计图纸的要求，本工程悬臂式深基坑土方开挖的条件：一是支护桩、止水帷幕、被动区土体加固、冠梁等工作量全部施工完成，冠梁混凝土强度满足设计要求，并进行支护体系资料及结构实体质量的验收；二是按照批准的深基坑信息法监测方案，对深基坑支护体系进行首次监测，取得信息法监测的基准数据信息。

2. 悬臂式深基坑土方开挖的“设计工况”控制

本工程的平均开挖标高为 –14.5m（主楼坑中坑 –21.5m），冠梁面标高为 –4.5m，实际上的平均开挖深度为 10m。按照深基坑支护设计方案的“设计工况”要求、施工方案的计划，采用“分层开挖、对称开挖、由西往东的方向开挖”方案。

1）第一层挖至内支撑底标高 –8.0m，即从冠梁面的开挖深度为 3.5m；

2）进行技术性配合工程桩的静载试验、抗拔试验等工作；

3）按照施工计划依次进行 7 处内支撑混凝土梁的施工；

4）第二层挖至标高 –12.0m，开挖深度为 4m（内支撑梁下面净空 3.2m，保障小型挖机、小型自卸汽车的安全运行）；

5）第三层挖至底标高，包括垫层、承台、坑中坑等局部的人工清运；

6）按照计划技术性配合 7 台塔吊的基础施工、塔吊安装。

3. 悬臂式深基坑内支撑（含栈桥）的质量控制

内支撑是深基坑支护体系的重要安全构件，监理工程师的质量控制要点是：

1）检查定位放线标高等参数的准确性；

2）检查内支撑梁与立柱桩上部的锚固，内支撑梁钢筋的规格、数量、混凝土保护层等，特别是梁交叉处的箍筋、构造钢筋的设计意图；

3）内支撑梁与支护桩的水平联结，下部植筋、上部斜拉筋的焊接，横平竖直；

4）按照方案的梁体支模的牢固、横平竖直；

5）按照方案的梁体混凝土连续浇筑、横平竖直、养护。

（三）深基坑支护工程的信息法监测

按照本工程深基坑支护设计文件和《危险性较大的分部分项工程安全管理规定》的要求，本工程的深基坑属于“超危大工程”，建设单位委托了具有地基勘察资质的第三方，对深基坑支护的施工全过程进行“信息法”监测，动态掌握工程地基基础施工过程中深基坑支护工程的安全信息。

1. 悬臂式深基坑信息法监测方案的编制申报

按照《建筑基坑工程监测技术规范》GB 50497—2019 的要求，深基坑信息法监测方案的主要内容包括：工程概况、监测项目（支护桩变形、基坑和周围建筑物测点的水平和沉降位移、地下管线位移或变形、支撑变形等）、监测点布置及平面图、监测方法及精度要求、监测频率、监测报警、数据处理与信息反馈等。

2. 信息点的埋设

按照批准的工程悬臂深基坑信息法监测方案，信息点的埋设分为两部分，一部分是在施工过程中的配合预埋，如支护桩变形的声测管、冠梁施工过程中的测点预埋。另一部分是方案测点埋设，如基坑边、周边建（构）筑物上的测点、地下管线的测点等。所有测点要求用不锈钢标牌编号、固定并做好防护。

3. 悬臂式深基坑信息法监测

按照批准的工程悬臂深基坑信息法监测方案和现场的建设单位、EPC 总承包单位、监理单位、监测单位“四方”相关负责人组成的“工程监测工作群”展开工作，每次监测的信息，都以“电子版”和“纸质版”两种方式向各方传递“信息法监测”的数据。如有异常，检测单位还要进行提醒和书面报告。

如在基坑开挖基本完成时，在东南侧的CX-S7点位水平位移“超警”，“四方”随即召开各方负责人会议，分析原因：这个部位的淤泥质土厚度大、基坑上口有过短暂的堆载、近段时间雨水较多渗透到地面土体、基坑内抽水不及时等。按照上述的分析，施工单位采取相应的维护措施，加强巡查、督促保持，直到地下室结构施工完成，此处的变形基本保持稳定，保持了基坑施工安全。

（四）深基坑支护工程安全防护及安全巡查工作

1. 悬臂式深基坑及其周边的防护

按照工程施工组织设计、工程安全文明施工专项方案的要求，工程按照省市安全文明施工“观摩工地”的标准进行布置、管理，因此按照《建筑工程安全文明施工标准化图册》的要求进行围挡护栏标准化、边坡喷锚或绿化、施工道路全硬化、车辆冲洗机械化、工地降尘喷淋化、裸土全覆盖或绿化。

2. 悬臂式深基坑的危大工程巡查

作为工程安全监理工作的重要内容之一，建设单位、EPC总承包单位、监理单位，按照深基坑工程巡查记录表的内容，每天进行巡查记录，主要检查：冠梁、内支撑的结构是否有变形、裂纹；冠梁上口及地面是否有裂纹；周围建（构）筑物是否有变形、裂纹；基坑内积水后抽水是否及时等，同时也要掌握“信息法监测”的数据信息，做到监测信息安全与基坑支护工程实体安全的一致性。

三、工程基础施工过程中对基坑支护工程的影响

（一）工程桩检测的桩位影响

按照设计要求，本工程的静载试验桩16根，抗拔桩9根。其中静载试验桩由于检测平台的原因，基坑周边距离支护桩15m以内不便选用。所以在工程桩检测过程中的堆载及堆载的运输、吊装过程中，因为距离支护桩的距离较大，反倒很好地保证了工程桩检测时，不会对支护桩有不利影响。

（二）基坑土方开挖的影响

基坑土方开挖，基本上分为三个阶段。第一阶段为内支撑标高以上的对称、由西向东开挖至-8m；第二阶段为工程桩监测完成，内支撑施工完成后，对称、由西向东开挖至-12m；第三阶段为对称、由西向东开挖至基坑底部，包括主辅楼坑中坑、局部承台及一些人工土方清运。

在基坑土方开挖过程中，根据每天的“危大工程巡查”“深基坑信息法监测记录”，基坑都有变化，但是绝大部分都处于安全可控状态，只有东南侧的CX-S7点位出现支护桩变形位移“超警”现象，但在采取了措施后，基本没有太大的扩展，基坑支护基本安全可控。

（三）地下室结构施工的影响

本工程采用了“桩墙合一”的设计技术。支护桩外侧在进行平整、防水、防护后，就成了工程地下室剪力墙的外模板，因此随着地下室结构的施工，基坑支护体系逐步安全可控。

（四）换撑的影响

本工程基坑支护设计中，“换撑”的条件是，地下三层的混凝土楼板（标高-9.50m）施工完成并且混凝土强度等级达到设计要求。此时的地下三层结构完成，地下室结构四周与支护桩体系结合紧密，-9.50m楼板已经可以替换承担内撑的受力，从日常巡查、信息法监测的结果，都满足工程深基坑支护设计的“换撑工况”，对深基坑支护体系的安全没有影响，实现了“支撑体系”的华丽转身。

结语

本工程悬臂式深基坑支护工程的设计施工，设计师优化设计大胆创新，将原来的两道内支撑优化为一道，在节省支护工程造价、缩短支护体系工期上取得明显效益。通过加强施工管理、安全监理工作、“危大工程巡查”“信息法监测”，落实深基坑支护设计方案、深基坑工程巡查记录表的控制要求，保障了深基坑施工的安全，实现了安全文明施工，也实现了工程的绿色发展与高质量发展。

智慧信息化在监理项目的应用与实践

高红伟　姬向飞　刘涛

建基工程咨询有限公司

摘　要：项目引入监理BIM和IPD思维理念，利用信息化手段进行管理。监理信息化管理应用点主要有计量支付审批、质量安全管理、基坑监测管理、三维激光扫描监测管理、安全巡检、远程监控管理、无人机远程督查、项目资料管理等。通过管理平台及其他信息化管理的手段大大地提高了公司对项目的远程管理和管控。

商丘市金融中心项目位于睢阳南路以东、帝喾路以北、腾飞路以西、应天路以南。规划占地面积约4.6万m^2，总建筑面积约23.5万m^2（其中地上约16.40万m^2，地下约7.10万m^2）；由两栋塔楼、裙房、地下室构成，建筑高度约160m，地下室2层。该项目引入IPD思维理念，以项目管理为中心，分析模拟项目全过程，充分利用各参建方成员的跨领域知识，集体为项目的成功提供决策。通过创建共用基础模块，保证沟通渠道的顺畅，减少各方业务的依赖关系，实现各方异步业务的实施。

一、智慧工地项目平台

智慧工地数据决策系统结合GIS技术+BIM 5D将系统平台和硬件设备集成到一起，将产生的数据汇总、建模形成数据中心。基于平台将各子应用系统的数据统一呈现，形成互联，项目关键指标通过直观的图表形式呈现，智能识别项目风险并预警，问题追根溯源，帮助项目实现数字化、系统化、智能化，为和管理团队打造一个智能化“指挥中心”。

二、智慧监控管理

（一）固定摄像头

现场安装远程监控摄像头，通过管理平台接入现场摄像头，实现WEB端及手机端可远程查看。在施工过程中，现场监理人员不方便监控或者高危的地方，可以通过摄像头实时对项目施工进行监督。在具有重大危险源或特殊专项工程施工部位安装，可实时对其实施远程监督监控。

（二）360°变焦摄像头

摄像头安装到塔吊上，通过制高点的远程360°摄像头的数码变焦功能对现场的管理如下：

1. 对现场的环境条件方面的有关准备工作是否已做好安排和准备妥当。

2. 监理人员应检查施工承包单位，对自然环境条件可能出现对施工作业质量的不利影响，是否事先已充分地认识并已做好充足的准备。

3. 对正在施工或者已完成施工的重点部位进行定期或不定期的安全督查活动。

4. 对现场的安全工器具及个人安全防护用具等现场使用情况进行检查。

5. 检查现场的高处作业等危险部位的安全防护，现场防滑坡、防坠落物等控制措施，施工用电以及消防设施等管理情况。

（三）执法记录仪

1. 通过 4G 网络、WIFI 和移动热点等通信网络，可以将现场的图像资料、语音资料及视频资料定时传输到平台数据中心，通过手机或 WEB 平台对信息资料进行查看，方便项目管理人员能够对项目出现的事件及时处理。

2. 通过执法记录仪，可以实现远程实时与 WEB 端、手机 APP 远程视频语音对话，可以实现专家对现场疑难点进行远程指导及方便项目管理人员对紧急事件的处理。

3. 执法记录仪携带方便，能够满足移动传输高质量的视频图像。可以在环境复杂，消防救援、救灾抢险等特定场景，进行无线传输方便指挥中心对其进行管理。

4. 无人机远程督查

无人机远程督察适用于距离较远或高空作业较多的项目（如河道治理、公路桥梁、园林绿化、风电光伏等）。为保证项目的进度及质量安全，公司需要定期对项目进行无人机远程督查。通过远程视频连接无人机系统，利用 5G 网络高带宽、低延时的特性，对现场进行无人机远程现场直播。再通过通信设备与现场无人机操作人员远程通话沟通和无人机远程 360° 全景摄像头，实现对项目不同的位置和角度进行督察。

三、作战指挥中心

（一）针对项目分布广泛，管理督察难等问题。建立远程管理团队，定期通过远程指挥中心对项目进行现场远程督察，通过项目管理系统对资料进行线上审查，从而解决项目远造成的无法及时对其进行管理的问题。

（二）组织专家团队通过远程指挥中心对项目重点、难点进行远程现场指导，帮助现场人员解决技术重、难点，提高现场人员业务水平。

（三）通过执法记录仪与指挥中心进行远程无线视频对话，可以及时处理项目的紧急事件（如消防救援、救灾抢险、高危风险作业等）。

四、质量安全管理

现场监理工程师（施工方配合）利用 5D 手机端快速记录现场质量安全问题，软件自动将信息推送至责任人进行整改、回复，形成问题闭合的管理流程。后期利用 PC 端可以基于模型进行问题定位查看、数据自动汇总、一键生成整改单等，大大提高了效率。

项目各方领导及管理层利用 WEB 端可实时了解项目质量安全总体情况、问题闭合情况等；在质量安全例会上，通过软件积累的数据，进行周、月质量安全情况总结，从而对总包单位进行有针对性的管控。

1. 岗位级

1）问题快速记录、查询，解决记录效率问题和数据收集留存问题。

2）流程自动跟踪、提醒，所有问题均做到闭合管理，避免遗漏。

3）整改通知单自动生成，无须二次劳动，节约工作量。

2. 项目级

1）增强各方的沟通效率和准确性，方便监督管理。

2）通过例会定期对问题趋势、类别、责任单位等进行讨论分析，能够快速了解现场主要问题，从而制定针对性措施规避问题发生，提高现场的管理水平。

3）管理过程留痕，数据自动统计、归类，解决目前项目管理体系中，质量安全报表填报不及时等问题。

3. 公司层面

1）通过 WEB 端即可查看项目相关的质量安全问题与巡检情况，节约沟通成本。

2）对于公司重要的质量和安全管理文件可以通过平台直接发布至项目和个人。

3）相关质量安全问题都有查阅记录，提高了管理效率。

4）手机 APP 端可以直接拨打电话给对应的责任人，项目各个参与方对接更加流畅。

相关问题的类型、状态等都可以通过手机 APP 提交的数据自动完成分析，为企业决策层提供有力的数据支持。

五、重大危险源控制

重大危险源控制是监理工作的重点之一，通过扫描软件二维码对现场的重大危险源进行控制。对于重大危险源管理，需要按照监理规范制定检查监测标准，设置检测时间、检测人员、检测次数。现场监理根据制定好的指标对项目进行检查，把检测的数据上传服务器。

总监或现场管理人员，通过软件可以远程得到每次检查的结果。通过预警功能，能够及时知道相关不符合标准的指标，并对相关指标进行及时处理。定期对相关指标进行总结，总结容易出现问题的地方，避免类似问题再度出现。

六、安全巡检

将现场危险源进行识别，设置巡视

要求并分配给相关责任人。后期在现场危险源部位张贴二维码，责任人按照要求频率进行巡视，扫码记录巡视内容，如有问题通过手机 APP 直接发起问题，责任人整改落实，流程闭合。

1. 规范安全工作流程及作业要求，避免管理人员经验不足，造成安全检查疏忽。

2. 危险源实时监管，现场问题过程记录、整改，大大降低安全隐患。

3. 巡视数据自动收集、汇总，提升工作效率。

4. 与传统巡检牌配合，既解决了人员巡检的真实性问题，也解决了数据汇总整理的问题，很大程度上节约了工作量。

七、计量支付审批

合同签订后，建设方应按照合同约定支付施工方进度款。那么，工程造价的确定，是以工程所要完成的工程实体数量为依据，计量的内容不仅是确认已完工程量，还要对其质量进行确认，计量和支付是控制工程进度款和质量的重要手段，工程计量与支付的准确与否直接关系项目资金的使用和周转。进度款计量和支付是施工阶段资金控制的核心，是保证工程质量和工程进度的重要手段。通过计量支付，可及时确认已完工程的数量和金额，避免因工程进度与支付不同步造成资金失控，同时避免因费用支付不及时造成施工方垫资。施工方每期递交已完工程量报告，并附相应的证明文件，建设方按照现场进度和合同规定进行进度款的审核，并支付进度款。目前在计量与支付工作中存在的主要问题有：

1. 项目进度单确认没有定量标准，主观意识比较强。

2. 计量过程依赖计价软件或者表格，涉及计量期数较多且多方审核，容易出现错、漏、重。

3. 项目人员流动强，计量过程中的数据存储不完善，交接人需要从头梳理每期进度的计量内容及支付金额。

通过软件中模型与进度计划的关联，以及模型与预算的关联，从而建立了进度计划与预算的关联关系，可以自动生成审核预算，同时导入送审，形成送审、审核和合同的对比；对于多期可形成累计产值和累计支付，利于项目整体的投资把控，从而使得整个计量和支付过程都可以自动化。

八、进度管理

在项目实施过程中各方领导对项目进度只能以抽查或月度检查的方式进行进度管控，无法做到精细化管控进度情况，后续进度管控手段无法落地。通过 BIM 进度管理可以实现各方领导通过平台实时把控每周、每天进度情况，通过 4D 模拟技术呈现进度偏差和进度款复核。

九、资料管理

资料是项目建设过程中的唯一真实证据，在建设项目从项目建议书、可研、立项、批复、招标投标、工程施工、竣工验收到投产使用过程中形成，以文字、图表、录音、影像等形式存储，是项目竣工验收、结算、审计、维护、改扩建的重要历史依据。保证工程资料的准确性、完整性和真实性是资料管理过程中的重点。然而，实际施工过程中，资料管理往往被忽视，造成资料缺失严重、资料存储不实。在资料管理中存在的问题有：

1. 对资料管理的重要性认知不足，在建设过程中关注点主要是质量、成本、安全、进度等四要素，往往忽视对资料的形成、收集、整理、归档。

2. 缺乏系统性的资料管理责任人，由于项目建设周期较长，资料分散在不同部门和不同专业工程师手中，缺乏统一的资料负责人。

3. 各参建单位缺乏资料配合意识，由于各参建方和业主的目标、利益不同，每个人都只会提供对自己有利的资料信息，往往导致资料不完备。

4. 资料烦冗，易被替换，项目建设过程中纸板资料堆积如山，如果所有文件都要存储成电子版，需要扫描，浪费时间，而且容易被替换。

借助平台，所有工作流和审批流基于网络环境，在实现无纸化办公的同时，保证所有的工作业务及审批业务的资料都存储在云端，保证资料的准确性、真实性，同时也能实现所有资料统一存储，通过权限设置，不同部门、不同专业的人员可以实现资料共享。

十、基坑监测

（一）基坑支护锚索检测

针对现场的锚索长度、灌浆质量以及完整性检测，解决现场灌浆工艺、设备及操作造成的灌浆质量缺陷，即断层、空洞、不密实等问题。通过采用设备的进口微型化传感器、独特的传感器耦合、激振以及高度化的信号分析技术，使得测试精度、稳定性等方面更加精确。为下一步开展的第三方拉拔检测提供更精准的针对性检测，从而使得整体基坑安全性得到较大的提高。

（二）基坑冠梁混凝土质量检测

因现场混凝土强度用回弹法检测不够准确，从而以弹性模量为基础，采用Sigmoid曲线拟合弹性模量与强度关系，通过测试弹性波波速无损检测混凝土强度，受混凝土表面情况及混凝土碳化的影响较小，测试结果可靠性更高。目前基坑护坡施工阶段混凝土的施工面较少，对整体工程混凝土的质量把控不足以代表问题，随着后期的主体施工混凝土的质量检测才能得到更详细、更完善的检测结果。

（三）利用三维激光扫描进行基坑护坡位移监测

常用的方法有使用全站仪、水准仪设备进行水平位移和沉降监测。在进行变形监测时，通过控制点建立控制网，然后进行变形点监测。采用经纬仪和全站仪进行观测，存在以下缺点：

1. 监测点布设一般是每隔20m布设一个点，这种观测是单点观测，监测得到的数据是孤立点信息，相邻监测点之间的变形信息无法得知，认为相邻两个监测点之间的变形是线性变化的，与实际不符，实际上变形是非线性的。

2. 当测点较多时，特别是当基坑表面发生大变形时，无法捕捉变形点实时信息，而且由于观测是逐点观测，耗时、耗力、耗财。

3. 获得的数据一般以Excel表形式呈现，需要具体工程人员进行甄别，才能获得数据隐藏的信息，因此，信息化和可视化程度低。

4. 受施工影响较大，若坡顶地方狭窄无法布设监测点和基准点，监测信息则无法反映施工进度下基坑的安全状态。

5. 由于经纬仪和全站仪仪器误差，使得在外业进行长时间观测时，受环境影响大，经常出现监测结果不满足要求的现象，需要进行反复测量。

为了加强基坑护坡施工的安全性，公司采用三维激光扫描仪扫描建模的方式，通过每天一次扫描建模与上次扫描模型进行重叠对比找出变形值及与第一次扫描模型重叠对比找出变形累计值，结合规范要求形成整体位移监测记录数据，从而对整体护坡进行分析，做到及时观测、提前预警，将边坡的安全当作工程的头等大事。

总结

通过在本项目监理信息化管理中的不断摸索和实践，使计量支付审批更合理科学、避免质量安全问题、节省沟通协调成本；对重大危险源做到施工前模拟规划，施工中做到实时监控，避免质量安全事故的发生。目前项目处于基础施工与主体结构施工交叉作业阶段，在接下来项目实施过程中，要坚持运用监理信息化手段管理项目，敢于创新，把监理信息化在项目中落地生根。

监理企业在项目管理中易忽略的风险及其对策

孟宪辉
鑫诚建设监理咨询有限公司

摘　要：监理企业项目管理风险主要来自施工现场层面和监理企业自身管理层间；监理企业易忽略的风险类型有监理委托合同风险、企业安全生产管理风险、监理人员技术管理风险等；监理企业管理易忽略风险的防范应对要做到强化监理委托合同管理，监理企业必须做到主动安全、本质安全，提升监理人员技术管理素养，提高企业重大突发事件抗风险能力；风险因素是客观存在的，我们要正确识别和科学防范，转移风险、回避风险、降低风险损失是我们的最终目标。

伴随工程监理制度的建立和发展，鑫诚建设监理咨询有限公司走过了32个春秋。32年来，公司践行咨询报国使命，秉持“诚信为本、服务到位、顾客满意、创造一流”的宗旨，以服务有色行业为起点，以服务国内外建设工程项目为己任，先后承担了500多项国内外有色金属矿山、冶炼、加工等工业项目和城市的住宅小区、写字楼、宾馆、办公综合楼及大、中院校校园建设等工程咨询及全过程或施工阶段的监理咨询工作。

古人常说，“以铜为镜可以正衣冠，以史为镜可以知兴替，以人为镜可以明得失。”春华秋实，岁月如梭，鑫诚监理公司历经这么多国内外项目的磨砺，在逆境中起步，在风险中成长，早已完成量变到质变的飞跃，形成了一整套系统的、成熟的项目管理体系。现根据这些年公司走过的弯路、渡过的险口与各位建设同仁分享监理企业在项目管理中易忽略的风险和公司的应对经验。

一、企业风险的概念

企业风险又称经营风险，国资委发布的《中央企业全面风险管理指引》对企业风险的定义是：“未来的不确定性对企业实现其经营目标的影响。”监理企业对比施工现场层面来自业主单位、施工单位带来的项目风险，更应该侧重企业自身管理的市场风险、安全风险、技术风险、人事风险和不可抗力等突发风险。

二、监理企业易忽略的风险类型

（一）监理委托合同风险

在公司发展早期签订监理委托合同时，往往忽略工程保修阶段监理服务工作期限、人员设定和内容的约定。一旦此类事项出现纠纷，即使前期公司提供了再优质的监理服务，工程结尾时也容易与业主产生纠纷导致不欢而散，丢失客户。其实有很大部分工程人员和业主管理人员不能清晰界定竣工验收后出现的问题，属于竣工验收整改问题还是保修问题，造成监理部各专业人员竣工验收后，陪同施工单位无限期的割尾巴，人员的“窝工”使成本明显上升，影响监理企业经济效益，也造成本项目人员无法按时离场入驻公司其他项目，出现连锁违约事件。

（二）企业安全生产管理风险

严防公司承揽项目出现安全生产事故，是公司平稳发展的根本，也是项目管理的出发点。在国家统计局公报中，2019全年各类生产安全事故共死亡29519人，2020年是27412人，在每个数字的背后都是企业惨痛的教训，既要承担严重的行政处罚也要面临巨额的经济损失。多年来，公司总部控制安全生产风险往往手段单一、信息滞后，控制效果不理想，常常处于被动地位。总部的项目管理部门一般只能凭借监理部报送监理月报、专题报告类文件了解项目现场安全生产情况，过于依赖监理部报送的项目信息，而这些信息的质量与监理的主动性和责任心有很大关系，易出现误判和错过纠偏时机，被动接受发生安全事故的既定事实。如何避免监理企业层面的安全生产管理工作仅停留在发生事故后抢救式安全大检查，建立严密、科学和成熟的事前安全生产管理长效机制，丰富管理手段，有效规避事故发生成为公司项目管理的重要课题。

（三）监理人员技术管理风险

在建筑科技高速发展下，建筑技术日益趋向标准化设计、工厂化生产、装配化施工、一体化装修、信息化管理等，监理人员技术管理乏力成为影响工程质量新的重大风险因素。随着监理业务逐步向全过程咨询服务转型，监理企业越来越多地涉及自己不熟悉的新技术、新方法、新工艺和新手段，承担的技术管理风险也越来越大。技术管理风险本质源于监理人员素质的高低，主要表现在以下几个方面：

1. 高层次、有经验的专业监理人才缺乏。这也是监理企业普遍存在的缺陷。监理人员队伍的总体技术能力不强，专业配备不完整、不对口，导致工程项目技术管理风险大增。

2. 监理人员结构的短板。一是年龄结构的短板，目前从事监理业务的技术人员年龄总体趋向两极化，即人员老龄化和毕业实习化。老龄化限制了新技术的吸纳和应用，过于年轻的毕业实习生本身更缺乏技术基础支撑。二是学历素质结构的短板，高素质、高学历的人才匮乏，影响了监理项目技术管理能力。

3. 监理现场质量检测技术装备的不足。现实监理工作中，往往只强调了对施工单位测量仪器的检验，忽略了自身技术仪器的配备，特别是高级测量仪器设备的配置，导致不能进行有效的平行检验，进而不能对工程建设质量进行全面、有效的控制。

（四）重大突发事件的风险防范

2020年新冠肺炎病毒横扫全世界，中国经济发展趋近止步，包括公司在内的众多监理企业更是遭遇严重冲击和损失。自2020年至今，防疫将是各行各业伴随生产的长久主题，监理企业更是应该深入地思考如何兼顾经营和防疫，如何才能在这场战疫中活下去。大部分监理企业因为停工在去年第一季度几乎没有收入，各项成本又不断叠加，再加上监理行业近年取费不高、恶意低价竞争风行、监理费收取周期长，人员开支逐步高升，外部大环境中监理行业深化改革进程加快，招标代理资质取消，造价资质开始在自贸区内试点取消，部分工程取消强制监理范畴等一系列问题，无不加重监理企业的负担。在各种不利消息中，监理企业更应该考虑的是如何应对重大突发事件，如何在生存问题中突围。同时，企业如果应对得当，在致命风险的背后也有可能是前所未有的机遇。

三、监理企业的风险防范应对经验

在当前，技术革新、制度革新、多元化管理手段革新和先进装备配置革新等严峻形势下，监理工作直面多重压力和挑战是企业生存的要求，也是行业发展和时代发展赋予的要求。针对上述风险，公司不断在发展中总结经验教训，现提出以下风险对策供本次经验交流。

（一）强化监理委托合同管理

监理委托合同是监理企业开展服务的核心，工程建设过程中的一切活动，均受到合同的保护和制约。公司目前签订合同，重点强调监理委托合同的完备性和严谨性，实行多部门、多领导过筛式审查，这样不仅能避免类似工程保修阶段监理服务纠纷事件，更加在工程建设监理过程其他方面掌握工作的主动权，最大程度减少与业主产生不必要纠纷。

为了最大化发挥监理委托合同的效用，我们在拟定合同时就要树立强烈的合同管理意识，做好合同管理策划。合同管理总体分为合同的签订管理、履行管理和存档管理，环环相扣，合同执行过程必须强化动态管理，不断纠正偏差，监理人员能够通过合同管理不断约束自身，业主严格按照合同条款的规定履行权利和义务，才能最大化保障监理企业利益。签订一份好的监理委托合同，是工作的开始，更是成功的开始。

（二）监理企业应努力做到主动安全、本质安全

“安全”是个敏感的词汇，这也是监理行业的“隐痛”：安全责任越来越重，行业地位却越来越低。近些年，随着政府安全生产监督力量不足与工程规模日益扩张的矛盾逐渐突出，作为五方责任主体之一的监理被各界赋予越来越多“承担不起”的安全管理职责。建筑行业大环境如此，监理企业要做到真正“免责”就要努力把公司项目做到主动安全、本质安全，从根源上杜绝安全生产事故的发生。

监理企业层面安全生产管理要区别于施工现场的监理安全管理，有效强化公司管理效果必须从战略规划和管理制度入手，且安全管理过程需做到：覆盖面广、重点突出、时效性强和手段多样化。

1. 在战略层面加强安全策划

在公司业务逐步向全过程项目管理改革的过程中，一贯将安全生产管理纳入公司改革发展战略总体布局是重要一环，增加考核指标、强化管理成效和落实责任到人，明确安全生产在项目管理的重要性，确保安全生产与企业改革发展同规划、同部署、同落实。

2. 加强安全管理的组织领导

公司重视全面完善整体的安全管理体系，在公司及监理部层面建立有效的安全生产监管机制。在项目管理过程中，确保项目监理部安全管理组织机构建立健全，确保人员调整到位，制度无缝衔接，责任意识和管理水平持续提高。逐步落实从公司到监理部的安全生产责任制，并建立项目总监负责制，与公司每一位项目总监签订了“项目质量安全责任书”，真正将质量和安全责任落到实处，强化一线人员的责任意识和行动意识。

3. 增加安全管理手段

根据公司经验，总部的安全生产管理往往受限于项目地域分布、人员短缺和经费限制等多种不利因素，不能经常性深入项目现场考察安全风险，在这种管理背景下，只能尽可能多地增加安全管理手段，多方位、多角度采集施工现场监理工作信息，企业总部对实时数据及时分析整理，采用 PDCA 循环管理模式，不断纠偏和强化公司安全生产运作系统，使安全领域的项目管理趋于成熟，趋于完善。

这些年本公司充分利用了“安全生产月”、汛期安全和节假日前后等重要活动节点，要求项目监理部联合其他参建单位举办全覆盖、不留死角的安全生产大检查活动，通过活动达到深入开展隐患排查、加强重大危险源监管、深化安全生产专项整治、健全完善安全生产自查自纠长效机制、加大宣传教育培训力度、杜绝安全生产事故的目的，有效推动了企业安全生产形势持续稳定的发展，保持着多年无因监理责任导致安全事故的良好记录。

（三）提升监理人员技术管理素养

监理服务是一种高智能的服务，是监理人员利用自己的知识、技能、经验、信息、必要的试验和检测手段，为业主提供的管理服务。监理人员技术水平的高低，从根本上决定了监理服务质量的好坏。提升监理人员技术素养，是规避监理人员在施工现场因技术管理不到位带来风险的最有效途径。本公司的“人才兴企”战略是着力培养一批具有核心技术储备和精通监理程序管理的优秀人才，在主营专业领域创造技术管理制高点，注重开发“智慧建造”技术，如 BIM 和装配式建筑等在本公司项目管理的运用和推广，为本公司市场开拓和项目管理提供了可靠的技术支撑。其次，必须注重优化各项目监理人员年龄结构，开展“老中青”互帮学习模式，增加项目监理部试验和检测仪器，提高监理人员工作效率，增加监理成果的可信度和权威性。

（四）提高企业重大突发事件抗风险能力

2020 年新冠肺炎病毒的暴发成为检验一个企业重大突发事件抗风险能力的试金石。经调查，疫情下的 2000 家企业，超过 86% 预计 2020 年上半年业绩同比 2019 年上半年将出现下滑，其中 18.03% 的企业认为将出现严重下滑，众多的监理企业面临着生存和发展的新挑战。

新冠肺炎病毒暴发以来，监理企业积极响应政府号召并同时采取了各项防疫措施，然而不少企业脆弱的突发事件防御能力还是无法抵挡此次疫情的冲击，未能最大限度降低企业损失。原因主要表现在以下方面：一是企业无突发事件处理预案；二是突发事件发生后，不能及时收集突发事件信息，企业管理层无法掌握事态发展趋势，不能及时做出战略调整挽救损失；三是企业无突发事件领导组织，多头领导突出，命令发布混乱，影响突发事件处置效率；四是突发事件结束后，责任追究和经验总结不到位，改进措施未实现闭环管理。在此次疫情危机下，除了解决以上应对突发事件的四点突出弊端，本公司还有非常清晰的行业转变方向判断，足够强的勇气、抵抗风险的能力以及理性的决策，比如本公司目前已在深入探索和力争应用武汉火神山医院的“BIM+ 装配式”建筑模式，向行业标杆学习，不断增强公司核心技术力量，提高行业竞争力，在监理行业转型升级中争做排头兵。

结语

本公司总结了多年来项目管理中易忽略的核心风险，在此与各位同仁分享，希望浅显拙见能为各监理企业带来一丝启发，企业风险在于事前控制、科学防范，从而有效规避。风险因素是客观存在的，风险并不可怕，可怕的是不被我们所识别和防范。因此，以上明确和认识企业存在的风险只是第一步，在企业经营实战中做好转移风险、回避风险、降低风险损失才是我们的最终目标。

2018年金沙江白格堰塞湖特大地质洪水灾害应急处置及灾后复建措施

马军林
中国电建集团贵阳勘测设计研究院有限公司

摘　要：叶巴滩水电站属于大（1）型水电工程，2018年在大江截流前夕，连续发生“10·11”及“11·3”两次白格堰塞湖特大地质灾害洪水，面对金沙江上史无前例的特大洪灾，在各级政府的坚强领导下，叶巴滩水电站建设各方顾全大局、反应快速、组织有序、齐心协力，现场所采取的各项措施有力，应对得当，保证了全体人员生命财产安全，将工程损失降低到最少，创造了水电建设史上的抢险奇迹。两次白格堰塞湖特大洪灾对工程建设影响巨大，金沙江两岸道路、桥梁、导流洞等在建项目冲毁极其严重，建设各方不畏艰辛、迎难而上，灾后立即组织抢险复建，在短短两个月时间内恢复左、右岸交通，2019年3月30日顺利实现汛前大江截流目标。叶巴滩水电站在特大地质洪灾应急抢险及工程复建等方面积累了丰富经验，非常有借鉴价值。

一、工程概况及监理范围

叶巴滩水电站位于四川与西藏界河金沙江上游河段上，系金沙江上游13个梯级水电站的第7级，上游为波罗水电站，下游与拉哇水电站衔接。坝址左岸属四川甘孜藏族自治州白玉县，右岸属西藏自治区昌都地区贡觉县。电站工程任务以发电为主，采用坝式开发，正常蓄水位2889.00m，相应库容10.80亿m^3。电站混凝土双曲拱坝坝高217.00m，总装机容量为2240MW，多年平均发电量102.5亿kWh。叶巴滩水电站前期工程于2014年陆续开工，2019年3月大江截流，计划2025年首批机组发电。

中国电建集团贵阳勘测设计研究院有限公司承担叶巴滩水电站前期工程施工监理任务，于2014年9月进场开始监理，叶巴滩水电站前期工程规模大、占线长、合同标段多、时间跨度长，监理项目主要包括：

1. 左、右岸导流洞，降曲河排水洞及临时排水洞，俄德西沟排水洞等5条水工隧洞，合计总长6238m。

2. 金沙江左、右岸8条主要交通公路及相关支路，场内交通总长50.84km（含桥梁），桥隧占比64%，单洞最长4.3km。

3. 8座不同形式的大小桥梁。

4. 业主营地、鱼类增殖站、35kV输变电、30t临时缆机、适生植物园等，合同外新增欧帕拉山隧道病害治理（长3.5km，海拔3880m）等项目。

监理范围共计33个施工合同标段，涉及水工、交通、建筑市政、输变电等不同专业。

二、白格堰塞湖特大地质洪水灾害应急处置

（一）堰塞湖形成及超标特大洪水

在叶巴滩水电站大江截流前夕，2018年10月11日凌晨，白格滑坡失稳，滑坡体高位失稳滑入金沙江堵江形成堰塞湖。堰塞体规模约1000万m^3，堰顶高程为2930m，堰高63m，堰塞湖库容2.5亿m^3，2018年10月18日堰塞湖自然溃决，溃口洪水最大流量约11000m^3/s，到达叶巴滩坝区时流量达到7770m^3/s。堰塞湖溃决后，河床左侧残留堆积体规模巨大，原河道束窄严重，过流断面宽仅60~80m，右岸滑坡后（侧）缘存在大量开裂破坏危险体。

2018年11月3日，金沙江上游右岸白格滑坡再次大规模滑塌失稳，进

入金沙江，滑体量大，形成了巨大的堰塞湖。白格滑坡再次垮塌的部位多为原“10·11”的高位开裂破坏危险体，方量150~200万m^3，堵塞了“10·11”堰塞体溃堰后束窄的过流断面，并与原河床残留堆积体叠加形成“11·3”巨大堰塞湖。堰顶最低高程为2966m，最高高程为3010m，满蓄库容达7.75亿m^3。对“11·3”堰塞体实施人工干预后，堰塞体于11月13日下午溃堰，溃口洪水最大流量约33900m^3/s，形成长800m，底宽100~160m的泄流槽。“11·3”堰塞体经人工干预（开挖泄槽）过流后到达叶巴滩坝区，洪水最大流量28300 m^3/s。

（二）超标特大洪水应急处置措施

“10·11”及“11·3”两次白格堰塞湖特大洪灾，现场主要采取了如下应急处置措施：

1. 立即成立应急处置机构，启动应急响应

两次堰塞湖发生后，第一时间及时报告上级公司，同时汇报国家能源局四川监管办，四川省能源局、西藏自治区能源局安全处等相关单位，现场按程序立即成立应急指挥部，立即启动Ⅰ级应急响应。

2. 人员和设备紧急转移

两次堰塞湖发生后，现场立即停止所有施工作业，所有人员全部按最大可能溃堰洪峰（其中“11·3”堰塞湖按照45000m^3/s）转移或安置至安全地带，同时将能撤离的机具全部转移至安全地带。

3. 水情监测

安排专业测量人员对堰塞湖水位进行24小时监测，加密流域水情测报中心对各电站的水情报送，报送频次1次/30分钟。

4. 溃堰分析验算

组织设计单位研究分析不同工况下的溃决洪水情况，完成下游各电站的调洪演算分析。

5. 现场应对措施

组织对各工程项目及重点部位进行拉网式排查，对可能受损情况进行预判，并有针对性地采取了应对措施。

6. 人工干预措施

根据分析研判，堰塞湖水位达到堰顶高程2966m时相应库容达到7.75亿m^3，如果自然溢流，超大流量洪水将对下游居民财产、基础设施造成巨大损失。经报政府部门审批同意，确定对堰塞体实施人工干预方案，各单位经过3天昼夜奋战，开挖出深10m、宽10m泄洪槽，泄水后比预计库容减少2亿m^3，大大减小堰塞体泄洪流量。

7. 信息报送及共享

险情发生后现场各单位、各部位，以及堰塞湖处及时报送水情及应急值班情况，每日两次向国家能源局华中监管局、四川监管办、四川省能源局、四川省防汛办和西藏自治区能源局汇报应急处置情况，做到信息及时、准确、共享。

三、超标特大洪灾冲毁情况及工程复建方案

（一）超标特大洪水冲毁情况

两次溃堰洪水均对叶巴滩电站造成重大洪水灾害，尤其以“11·3”为重。“11·3”溃堰后，左、右岸导流洞全面进水，正在施工的工作面全部受损，施工设备（钢模台车）、风水电全部冲毁；沿江低线公路几乎损毁殆尽，已完建投运的两座跨江索桥桥面系统受损严重，钢索被拉断，横梁被冲走；正在施工中的7号桥桥台被冲毁；正在施工中的永久桥钢拱架被冲毁；3号滑坡体大面积垮塌；江边低洼处临时施工营地全部被冲毁。

（二）主要交通项目复建措施

1. 上游7号桥

上游7号桥设计一座开口式钢桁架结构跨江大桥，桥梁总长205.6m，跨径为63m+72m+63m三跨连续贝雷梁桥，跨度在国内水电工程上排名第二。“11·3”堰塞湖特大洪水使正在修建的7号桥1号桥墩墩柱及扩大基础被冲毁，为加快现场施工进度，该桥梁主桁架采用悬臂导梁，前拉后推的安装方式，主桁架安装施工用40天完成，平均每天安装及推移达到5m，安装速度在同行业内达到先进水平。

2. 下游永久大桥

下游永久大桥受“11·3”超标洪水冲毁影响，下部支撑拱架完全冲毁，两岸基础局部悬空，拱箱梁预制场地缺失，为保证安全，加快进度，现场对两岸基础采用锚筋桩+混凝土等方式进行处理，同时将主拱圈由预制改为现浇，采用常备式钢拱架支撑系统，标准砂袋预压，混凝土分为三环五段对称浇筑。下游永久大桥主拱圈混凝土施工不足两个月时间全部完成，提前完成计划。

3. 4号、6号临时桥

“11·3”超标洪水将已建成通车的4号、6号临时钢索桥全部冲毁，为打通金沙江左右岸交通，现场按照原方案快速恢复，现场实际利用40天时间全部复建完成。

4. 新增“11·3”桥

“11·3”洪峰过后，电站下游左右岸交通全部中断，为尽快恢复交通，在6号临时桥下游侧与下游永久大桥之间（原勘探便桥）新增贝雷桥一座，桥面利用上游7号临时桥系统。

“11·3”应急临时桥由两跨连续梁（27m+72m）组成，采用开口式桁架钢结构形式，全部采用特种钢材，总重量

135t。为加快进度，现场采用起重机吊装、钢扁担锚拉法悬臂拼装、配重加斜拉扣挂、辊筒拖拉等几种综合安装方案。利用50天时间安全、快速完成，提前1个月打通金沙江左、右岸通道。

（三）导流洞工程保过流措施

1. 导流洞受损情况

“11·3”堰塞湖洪灾，导致左岸导流洞内淤积泥沙、积水约15万m^3，右岸导流洞内淤积泥沙、积水约13万m^3，洞内风、水电等临建设施全部冲毁；钢筋、钢模台车被冲毁；已备好的边顶拱钢筋被冲毁；洞内堆存的材料、模板等被冲毁；部分观测仪器损毁。

2. 导流洞保过流措施

1）立即组织清理及复工

快速恢复临建设施，利用半个月时间组织对洞内外所有风、水电等临建设施予以恢复。“11·3”洪灾后第三天即组织清理受损工作面，形成边施工边清理、多工作面同步施工的局面。

2）春节期间组织正常施工

成立春节期间保障小组，对场内施工人员进行思想教育，及时兑现进城务工人员工资，妥善解决场内工人的生活问题，确保工人思想、情绪稳定，保证材料和设备储备，以满足春节期间正常施工的需要。

3）加大施工资源投入

安排有经验的队伍在春节前进场，以补充春节期间现场施工人员。另外增加多臂钻等设备，提高灌浆和排水孔施工效率。

4）制定奖励和激励措施

根据灾后恢复和剩余主体工程项目，细化过程考核项目，每周进行考核兑现，激励生产，促进进度。对春节期间施工一线工人采取现金奖励措施，提高工人施工积极性。

5）精细化施工

越是要加快进度越不能放松质量，现场进一步强化质检、施工人员和具体操作人员的质量管理工作，做到一次成优。

6）强化安全管理

通过安全生产措施落实保证工程进度。灾后恢复涉及临水用电、洞内照明、割除作业、高空作业等，为确保人员安全，加大现场人员劳保用品的发放，加强安全检查，及时发现、消除安全隐患。

7）严格落实冬季保温措施

受两次堰塞湖特大洪灾影响，左右岸导流洞部分混凝土施工进入冬期，当时最低气温达到−16℃，且昼夜温差大，混凝土施工保温难度很大。为保证施工质量和截流目标如期实现，现场采取切实有效的冬期施工保温措施，确保了工程质量和进度。

8）优化调整施工方案

地灾后，洞内钢模台车、钢筋台车全部被冲毁，剩余的边顶拱衬砌和灌浆施工无法按照原方案采用钢筋、钢模台车施工。特此调整边顶拱衬砌方案，采用满堂架进行支模浇筑，快速恢复主体施工。

2018年“10·11”和“11·3”两次白格堰塞湖特大洪水，影响导流洞直线工期3~4个月时间。灾后经建设各方共同努力，于2019年3月20日施工完成，3月19日—23日一次性、高质量通过可再生能源发电工程质量监督站等部门组织的各种检查、验收，分别于3月26日、28日成功分流，分流比达到88.93%，为大江截流成功奠定坚实基础。

四、超标特大洪水应急处置效果

叶巴滩水电站建设正值大江截流关键时刻，面对史无前例的两次堰塞湖特大洪灾，各参建单位顾全大局、齐心协力，现场反应快速、组织有序，所采取的各项措施有力，应对得当，保证了施工人员生命财产安全和工程在建项目安全，将损失降低到最少，赢得各级政府及社会各界的一致肯定，创造了世界水电史上的抢险奇迹。

1. 在特大洪灾等自然灾害面前，应始终以人为本，优先确保人员安全，叶巴滩水电站建设面对两次堰塞湖特大洪灾，均在第一时间紧急撤离并妥善安置所有人员，同时做好后勤保障及思想安抚工作，实现了人员无伤亡，取得应急抢险根本性胜利。在紧急转移所有作业人员的同时，将可移动设备、材料进行了紧急转移，最大限度降低洪水损失。

2. 在自然灾害发生期间，保证全方位信息畅通、准确，做到信息共享，为抢险提供及时、可靠的依据。

3. 对堰塞湖果断采取人工干预措施，极大降低洪水造成的损失。“11·3”白格堰塞湖人工干预方案，库容比预计库容减少2亿m^3。

4. 灾后组织对受损的已完建工程进行了全面排查，及时消除存在的险情和隐患，及时组织力量应急抢险、修复，保证了工程建设安全。另外及时组织施工资源，在安全可控的情况下有序、快速恢复施工，将洪灾影响降低到最小。

5. 堰塞湖应急抢险期间，各参建单位服从大局、树立信心、攻坚克难、齐心协力，积极配合地方政府应急管理和抢险救灾工作，切实履行央企社会责任，赢得了良好的社会声誉。

打造全面引领示范效应的中山大学·深圳建设工程项目

李冬

浙江江南工程管理股份有限公司

一、项目基本情况

（一）建设背景

中山大学·深圳建设工程项目的建设，是深圳引领粤港澳大湾区发展，实施人才强市战略，加快优质人才战略性集聚的重大举措；也是依托中山大学附属医院的优质资源，开展医学科研和高层次人才培养，为深圳市民提供高水平医疗卫生服务，提升深圳市整体医疗卫生水平的重要依托。

（二）项目概况

项目位于深圳市光明区，占地面积 $144.71hm^2$，建筑面积 127 万 m^2，批复概算 119.8 亿元，主要包括医科、理科、工科、文科等四大学科组团及配套设施。

（三）项目定位

积极探索研究全新的项目管理模式，形成一套行之有效的管理制度并加以推广，持续引领国内先进建设管理经验，建成国际一流、国内领先的综合性大学。

（四）进展情况

2016 年 12 月完成可研批复，2017 年 6 月完成全过程工程咨询招标，2017 年 12 月完成初步设计，2018 年 6 月开工，2019 年 8 月第一批主体结构封顶，2020 年 8 月完成首批 37 万 m^2 交付，2021 年底全部建成。

（五）全过程工程咨询情况

服务范围包括项目策划、设计管理、招标管理、合同管理、造价管理、报批报建、工程监理、保修阶段管理等内容。

二、打破传统理念，创新增值服务

项目管理团队组建伊始，就确定了为项目提供优质服务、提升管理标准、建设精品工程的高质量建设理念，并制定了咨询增值服务专项方案。

（一）设计管理精细

通过方案比选、专家评审、调研类似项目经验、精细化审核等管理措施，实现了同等标准造价低，相同功能造价低，同等费用高标准、高可靠性，同时根据经常遇到的施工质量通病，在设计阶段采取预防措施。

（二）招标管理择优

经过分析项目特点及有针对性的市场调研，在招标模式确定、标段范围划分、招标时序安排、评标条件设定等方面做了大量基础工作，制定出整体择优目标的招标策划方案。

（三）投资控制精准

投资控制精准是指在项目建设不同阶段分别采取相应投资控制方法，对项目造价都有相对精准的指标加以控制，避免三超现象出现。

（四）合同管理落地

合同是管理参建单位的重要标准，也是法律依据。公司通过制定合同管理白皮书，定期分析、整理参建单位合同执行情况，形成书面报告向建设单位汇报并通报承包单位，管控参建单位认真履约。

（五）结算工作同步

结算滞后往往是工程造价工作通病。公司结合多年项目管理工作经验，在本项目制定了结算工作专项方案。结算专项方案强调过程结算、容缺结算、分段结算，旨在实现工程实体竣工、档案资料完成、工程结算同步完成的理想状态。

（六）现场管理标准化

公司对现场管理各项工作分类按照建设单位工作指导标准、实施手册，以简易化、轻量化为特征，随时组织学习培训，方便一线人员快速理解、快速执行。

（七）打造学习型组织，推进技术创新

持续学习是提升组织活力的关键动能。公司结合创办江南管理学院十余年的独有优势，在项目上组织各种类型学习、研究，建立项目大讲堂、微课堂，带动员工做讲师、鼓励员工微创新，通过丰富多彩的学习研究活动为项目赋能。

（八）发挥党建引领

新时期政府投资工程，应将党建工作纳入工程建设管理体系，并作为工程建设管理中一项重要内容。公司协同建设单位制定党建专项工作方案，以“把支部建在项目上”为载体，促进党建与工程管理双融双促。

三、全过程工程咨询服务创新管理方法

（一）项目策划方法

项目策划作为一个项目建设的纲领性文件，为项目建设定模式、定方向、定目标、定标准、定计划，指导项目建设全过程。需要系统性分析研究项目特点、需求、目标，方能制定一个好的项目策划。本项目策划主要采用以下方法：

1. 调查研究法。一是收集信息，收集项目已经形成的书面资料；二是调研现场地形地貌、市政配套条件及周边居住情况；三是调研使用单位使用功能、后勤管理、教学管理、网络管理等需求；四是调研工期目标、质量目标等一系列目标诉求。

2. 系统分析法。结合调研成果，进行系统分析，从项目定位、建设管理模式、建设目标、建设标准、发承包模式、需求管理、风险管理、投资控制、进度控制等进行全方位分析并制定符合本项目特点的策划方案。

3. 类似工程经验法。过往工程经验是可以借鉴的宝贵财富，如管理方法、数据资料、技术方案、参建单位履约能力等均可以借鉴。公司过往先进管理经验如技术创新、学习型组织、动态结算等均被建设单位采纳。

4. 结果导向法。围绕工程所制定的质量、进度、安全、投资等目标以及具体使用功能就是最终要实现的结果，全体参建单位都要围绕已经明确的结果来制定措施、分解任务，同时要在整个项目实施全过程进行监督纠偏，不可因为实施过程遇到困难和障碍轻易调整目标。

（二）项目设计管理方法

设计阶段是决定项目建设品质、建设成本、建设工期及使用品质最为关键的阶段。在本项目开创性地采取了一系列管理方法。重点列举如下：

1. 统一设计法，是指针对多个建筑单体或多家设计单位等情形，要求在主要通用专业设计上的材料选用、节点设计、构造做法、色彩控制等方面采用统一标准。本项目分别有三家方案设计和施工图设计单位、48栋建筑单体，公司在建筑立面效果、通用节点做法、材料设备选型等方面进行统一管理并组织设计院出具统一设计手册。

2. 对比分析法，是指针对同一设计内容，对拟采用的两种或两种以上方案进行技术、经济、工期分析，并确定一种合理实施方案。此方案在初步设计阶段应用较为广泛。在进行基础选型、结构选型、机电系统选型、各种材料选择时都会用到此方法。如本项目园区高压供电方案，对双回路放射式供电方案和双回路树干式供电方案进行比选，从传输可靠性、施工便利性、经济性以及降低事故概率等多方位评估、论证，最终确定双回路树干式供电方案，在满足供电可靠性前提下，提高了施工便利性、降低了事故概率，较双回路放射式供电方案可直接节约投资约1500万元。

3. 问题导向法，是指在设计阶段，列出在同类项目中设计、施工、使用阶段经常出现的问题清单，逐一剖析，研究解决方案并在设计文件中予以落实。如在上床下桌宿舍布局中，传统设计仅在入门处设置一个灯具开关，不方便学生就寝后关灯。围绕此问题，在与床位标高相当且便于学生就寝后触手可及的位置安装灯具开关，解决了关灯不便的痛点。

4. 全寿命周期设计法，是指在设计阶段既要考虑建设成本的控制，也要在设计阶段考虑交付使用后的使用成本和维护成本。此方法主要适用于机电系统选型，也可应用于建筑和结构专业。如在本项目图书馆需要设置除湿系统，通过对溶液式调湿机和工业除湿机进行对比分析，前者存在使用期间漏液腐蚀、散发异味等问题且维护成本高，而后者技术成熟、成本较低且维护更方便。

5. 多专业聚焦法，一般是指围绕特定专业设备，将与其相关配合内容列出清单并逐项分析，确定各专业具体设计内容。此方法多用于大中型设备或复杂工艺设备设计管理。如针对柴油发电机组，首先列出与其关联专业或内容清单：运输通道、楼板荷载、机房尺寸、机房装饰、油罐储藏、加油方式、烟气处理、噪声处理、振动处理、市电切换、灭火系统等，然后针对上述清单逐项分解设计内容并集中会审，形成各专业共识，避免设计遗漏或存在设计缺陷。

6. 需求导向法，是指通过调查研究建（构）筑物对各专业实际需求，然后确定具体专业设计内容，避免过度设计。本方法适用于建（构）筑空间规划、结构荷载、用电容量、空调冷热量等专业设计。如本项目综合管廊工程，结合建筑分布、能源站点分布、各单体入廊管道需求，最终确定建设大环线 + 支线 + 局部管沟的集约型管廊

方案，环线采用短立柱间隔型单仓方案（断面尺寸为3600mm×2300mm），支线采用小单仓方案和管沟结合（断面尺寸分别为2000mm×2300mm，1400mm×1550mm），其造价仅为市政综合管廊的20%。

7. 交叉审查法，是指关联专业之间存在互提条件或一个专业向其他一个或以上专业提条件，由相关联专业相互审查对方设计内容是否满足本专业需求。适用范围比较广，如设备专业需要与电气专业检查配电是否满足，智能化末端信息点是否按要求配备电源；机电专业需要建筑和结构专业复核管道井尺寸及预留洞口是否满足。

（三）招标采购管理方法

1. 系统分析法，通过系统分析法确定三个施工总承包＋若干专业分包的施工招标策划方案。分析了近五年施工总承包合同额在5亿、10亿及20亿以上分级情况；工务署近期施工总承包单位履约评价情况；本项目设计进度情况，如室内装饰装修、动物房等实验室设计进度相对周期较长；大型园区工程网络、消防工程的统一性；土地整备实施进度等因素。

2. 市场调研法，对特定专业采取市场调研法选取优秀单位，如本项目建设有国内最大的实验动物中心，业内专业设计单位少。项目部成立调研小组，收集实验动物中心建设案例，赴建成项目考察，邀请设计团队交流，通过招标条件设置，选定国内最优秀设计单位。

（四）现场管理方法

全过程工程咨询模式下的工程监理需要转变思路，创新方法，以下主要介绍几种较传统现场管理工作上的创新方法。

1. 监理工作向前延伸。监理工作从项目前期组织策划阶段即融入，从整体项目管理的角度全方位地了解和认识项目情况，参与到项目组织策划、建筑的功能定位、设计管理、招采管理等工作中，夯实监理工作基础。

2. 设计管理工作向后延伸。设计管理工作不局限于设计阶段的管理，在施工阶段，除了解决设计图纸中影响现场施工问题外，设计管理人员协同设计师通过调查现场、定期交流、多单体对比等方式，在施工阶段不断完善设计文件、提升设计品质。

3. 推行BIM模型验收法。机电安装工程需要进行BIM综合排布，最终形成BIM模型，但三维的BIM模型无法打印成图纸作为现场监理工作依据。针对这一情况，通过联合工作组共同确认BIM模型，形成轻量化文件，现场可以通过智能手机或平板电脑进行验收。

4. 模拟第三方巡查制度。针对深圳市建筑工务署委托第三方机构开展质量、安全巡查制度，为提升监理工作水平，积极响应工务署制度，除正常开展监理工作外，在监理日常工作中实施模拟第三方巡查对现场质量、安全进行评估。

四、全过程工程咨询服务项目管理成效

通过3年多实践，公司在项目管理工作中取得了一定成效，项目美誉度及影响力持续提升，已成为国内工程建设领域的标杆项目。

1. 策划方案开创工务署建设管理新模式，公司编制的策划方案作为范本在工务署推广，项目策划制度开创工务署全新管理模式。

2. 设计管理成效显著，引领工务署项目设计品质提升，公司设计管理团队，累计在不同设计阶段提出合理化意见和建议6000余条，质量通病预防建议500余条，优化重大技术方案30余项，为项目设计质量提升发挥重要作用。尤其关于设计管理的方法论，更是将工务署设计管理提升到一个新高度。

3. 招标管理择优理念落实到位，初步实现全链条择优目标，通过精心策划、合理组织、快速实施，在招标方式选择、招标模式创新等方面成效显著，实现了全链条择优的目标。

4. 造价管理成效，根据结算实施方案，首批交付工程约20亿元结算已办理完成，正在同步办理结算金额约50亿元。按照计划，可在工程完工后半年内结算完毕。开创了工务署结算管理新模式。

5. 学习型组织成效，截至目前已累计组织各种形式培训学习285期，参训管理人员1800余人次，一线工人突破10000人次。将管理人员认知水平和一线工人操作能力推向一个新高度。学习型项目作为工务署项目学习典型予以推广。

6. 党建工作成效，项目党建工作实现了将支部建在项目上，党旗飘在工地上，开展各类活动百余场，在疫情防控、安全管理、为务工人员办实事等方面成效显著。本项目党群服务中心管理模式作为工务署项目予以推广。

京雄城际铁路项目监理部创新管理的实践

秦建峰

河南长城铁路工程建设咨询有限公司

京雄（北京至雄安新区）城际铁路是雄安新区外围交通网的标志性、先导性工程，是承载千年大计运输任务、支撑国家战略的重要干线。京雄城际是我国建设的一条智能高铁，在多项智能关键技术上取得了新突破。

河南长城铁路工程建设咨询有限公司京雄城际铁路项目监理部负责自大兴机场站至霸州北站，线路正线37.138km、联络线4.156km，新建2座车站（含霸州北站和固安东站）监理工作。里程K49+288 ~ K86+426，包括雄安动走线K1+129 ~ K5+285及雄安动车所，固安东站内廊涿城际，天津至大兴机场联络线范围内轨道、路基、桥涵、隧道工程以及精密工程测量专业；固安东站房与霸州北站站房、综合楼、污水处理站，维修工区综合楼，轨道车库，油库，门卫室，警务区及区间岗亭等房建工程；负责9个站前、站后施工标段的监理工作，其中全线铺轨监理任务均由京雄城际铁路监理二标项目部承担。工程于2018年2月28日开工建设，2020年12月26日开通，历时2年10个月。京雄铁路的建设得到党中央、国务院的高度重视，2019年1月18日，习近平总书记考察雄安新区，通过视频连线雄安铁路建设者，称赞我们是雄安新区建设的开路先锋，使我们备受鼓舞！

自项目开工建设以来，公司京雄监理项目部牢记政治使命，不忘监理初心，大胆创新管理，充分发挥企业文化的引领和推动作用，在团队文化建设、监理过程管控、科研成果转化、信息技术应用等方面多措并举，创新方式方法，充分发挥了监理职能作用，实现了监理服务升级，树立了长城咨询的良好形象。

一、注重团队建设，打造过硬队伍

河南长城铁路工程建设咨询有限公司京雄城际铁路监理项目部承担着9个施工标段的工程监理工作，监理任务重，协调难度大，现场情况复杂。监理项目部坚持以人为本，迎难而上，充分发挥长城咨询公司企业文化的引领和示范作用，加强监理队伍建设，在监理人员选拔、任用、业务培训、职责分工、岗位责任制落实、监督检查、考核评比、优化岗位配置、廉洁从业等方面认真落实公司的管理体系，不断提高团队成员的综合业务素质，成功打造出一支业务精干、作风过硬的监理队伍。

（一）将服务宗旨融入监理团队的思想。项目部成立之初，便将公司“服务为先，指导为上，监督检查，整改到位”的监理十六字方针张贴于宣传栏里，编制于监理月报中，印刷在监理日记上，通过会议、培训、案例讲解、思想教育等多种形式，强化对京雄城际铁路建设的安全质量责任意识，迸发他们干事创业的激情，由传统的监理跟着施工后面干变为监理跑在施工前面干，强化预防预控、超前服务的意识，将“治病于未发之时”灌输于每个监理人员思想中。

（二）强化奖惩，弘扬监理正能量。“没有考核的管理是无效的管理”。监理项目部本着“有功必奖，有过必罚，奖罚分明”的原则，不断规范员工日常行为，在原有日常考核制度的基础上细化奖罚措施，对表现优异的监理人员进行表彰，并在全体监理大会上分享工作经验，对被上级单位及监理项目部检查发现问题的监理人员，除按照考核进行处罚外，还需在专题反思会议上做检讨。监理项目部每月坚持做好项目考核工作，公开通报奖惩，每月评选“京雄之星”“优秀监理组”，每年评选“优秀员工”“先进集体”，营造学习先进、争当先进的良好氛围。

（三）持续充电储能，打造高素质团队。监理项目部定期对监理人员进行业务知识培训及考试，通过多种方式开展验标、规范学习及专业交底培训工作，不断提高监理人员业务能力和专业水平。

为提高培训质量和效果，监理项目部采用PPT课件讲解、轮流分享经验、现场说教、VR安全体验、反思会等各种形式，让监理人员参与互动，相互交流，达到讲练结合、相互学习、共同提高的目的。比如，针对各标段路基存在的共性问题，总监组织各部室逐工点对现场监理人员进行“验收标准”及“设计要求”等相关内容的提问，对于不能熟练掌握标准的人员进行点对点、面对面讲解培训，让监理人员掌握设计文件内容，搞清、弄准工程几何尺寸、内部结构要求等。监理项目部定期组织开展验标、规范、红线管理规定，现场技术交底的考试，并实行末位淘汰制，一次考试成绩最后一名给予警告，两次考试最后一名给予劝退。通过持续“充电”，监理团队综合业务素质显著提升，监理效果更加显现。

（四）强化廉洁从业教育，营造清风正气。监理项目部按照公司要求不断加强监理人员职业道德与廉洁从业教育，通过警示教育等形式，引导监理人员守底线、讲规矩、知敬畏、存戒惧。同时要求所有监理人员上场前签订“廉洁从业承诺书”，在监理项目部设立举报箱，制定“监理人员十不准”“监理人员职业守则”“廉洁从业规定”等一系列制度，还定期征求施工单位意见，对不廉洁苗头问题及时进行廉洁谈话，防患于未然。

二、强化监理过程管控，确保质量安全可控

（一）技术交底到现场。监理项目部强化交底培训工作及落实情况的监督，现场监理人员要现场参加施工单位安全质量技术交底，促进该项制度严格落实，形成常态化。总监不定期组织现场施工单位管理人员、施工劳务人员、监理人员进行班前交底，对施工各项工序要点进行详细讲解，有效防范了施工质量问题及安全隐患的发生。

（二）实施提级工序报验制度。严格工序检查验收，针对检查验收过程中存在的质量安全问题，及时督促施工单位现场专职质检人员整改落实；对质量安全通病或整改不到位的问题进行再次报验的，现场监理工程师拒绝验收，并通知施工单位负责人进行整改报验；如继续存在整改不到位现象，实施提级报验制度，由总工验收合格后报管段副总监复查，确保问题能及时有效整改到位，上道工序不过关，决不允许进入下道工序。

（三）推进监理标准化管理。一是现场管理标准化。在硬件建设方面，根据工程特点建成了标准化监理项目部，项目部办公、洗浴、空调、就餐、文体活动等设施一应俱全。二是人员配备标准化。为便于工地监督和管理，人员相对集中，便于工作的交流和信息沟通。设置监理站、监理组两级管理机制，分工负责、协调配合。根据监理规范要求结合现场施工进度，配齐、配足投标承诺专业监理人员，确保现场专业不缺，岗位不空。三是管理制度标准化。根据“铁路建设项目标准化管理”的要求以及公司的管理体系，制定了“监理项目部管理制度汇编”，将其中近60个制度悬挂在监理项目部办公区及试验室。项目部不断查找管理缺陷，堵塞管理漏洞，及时修订管理制度，形成制度不断完善、工作不断细化、程序不断优化的持续改进机制。四是过程控制标准化。除了各专业的监理实施细则以外，还编制了近20个专业的“监理作业标准化指导手册”，并发放到每个监理人员手中，随时用以指导现场监理工作的开展。

（四）深入开展质量安全红线管理。根据铁总及建设单位要求，监理项目部编制了“质量安全红线监理管理实施细则”，严格落实安全质量十条红线管理规定，落实质量安全防控措施，履行监理质量安全监管职责。每月针对施工标段组织开展质量、安全红线问题综合检查，对检查出的问题实行“零容忍”工作机制，及时下发监理通知单、工程质量安全检查通报，并建立红线管理问题库，严格闭环销号管理。通过对工程质量安全等问题进行统计数据分析，找出问题产生的原因、发生的频率，采取预控措施，减少及防止问题再次发生，做到了坚决不触碰红线。

（五）强化监理巡视。监理项目部组织各专业力量，成立巡视小组，对管段内各工点的工程质量、施工安全、信息化管理等情况进行不定期巡视检查，无论刮风下雨，只要有风险点在施工，巡检组都会展开巡检，尤其是针对冬季凌晨2点到6点有管理盲区，通过夜巡检查温控，在提升混凝土质量方面发挥了重要作用；对检查中发现的问题进行记录，并留存影像资料，向现场监理组下发“巡视检查记录”，巡视小组狠抓整改措施的落实，将质量、安全隐患消除在萌芽状态。针对现场检查发现的问题，纳入监理人员日常考核范围，促使各级监理人员从“不想管、不愿管、管不管都一样”迅速转变为“想管、敢管、会管”的状态。

（六）强化沟通协调。监理项目部监理管段内涉及3个站前施工标、1个四电标、1个铺轨施工标、1个无砟轨道施工标、1个客服施工标、1个站房施工标、1个动车所施工标，涉及施工单位多，与施工单位的沟通协调更显重要。在日常工作中，定期与施工单位项目经理等主要

领导以电话交流、见面座谈、专题会议等方式及时沟通，了解和掌握各方信息，及时协调各方关系，耐心向施工单位讲解各项标准、制度的落实，让他们切身感受到监理的服务，以便更好地解决实际问题；监理项目部实行24小时值班制度，晚上十一二点正常接待施工单位来访，并让施工单位给我们提意见、提要求、提合理化建议，让他们感受到我们诚恳的工作态度和服务质量，真正做到监帮结合，顺利推进工程建设。

（七）建立监理班前讲话机制。现场监理人员参加施工单位安全技术交底，严格推行监理班前讲话制度，狠抓工序转换和节假日期间质量安全管理，使班前讲话形成常态化。推进质量安全宣贯的同时，使施工单位人员引起了重视，提高了监理人员的专业素养，奠定了抓安全抓质量的理论基础。针对日常巡视过程中施工人员对大型设备工序标准不清楚、高空作业时缺少必要安全防护等问题，项目总监多次组织施工单位现场管理人员、施工劳务人员、监理人员进行班前讲话，对施工各项工序要点进行宣读讲解，有效提高了施工质量，遏制安全隐患的发生。

三、借力互联网＋科研，促进监理服务升级

京雄监理站在监理过程中，大胆探索，勇于实践，将远程监控、监理过程数据上传、BIM技术应用、办公OA、手机终端APP工程管理等互联网信息技术广泛应用于工程监理，拓宽了监理的监控方式和手段，提高了监管效率，促进了监理服务的升级。

（一）提前介入，助推科研成果落地。在京雄铁路科研课题实施过程中，监理项目部对其研发质量、进度、效率和效益等进行调研检查与分析，定期参与科研课题协调会，掌握科研课题的进度、质量及资金落实情况，在确保实现科研项目研究的正确性和合乎规律性的同时，每月与建设单位对照课题创建内容和要求，采取静态检查、调查等形式，找准问题和差距，确保全面达标，稳步有序推进科研工作。全程参与了各项技术创新方案的研讨，从可回收式绿色土钉墙防护到现场抑制扬尘，从拌合站污水可循环再利用，到砂石分离机的应用，以及装配式建造等方案。我们始终提出大量创新性建设意见和建议，确保各项施工方案具有针对性、可操作性。

（二）工程工序验收接入铁路工程管理平台。京雄城际铁路的工程质量验收全面接入国铁集团的铁路工程管理信息系统，路基、桥涵、隧道、小型构件等工程质量检查验收，全部以视频拍摄方式全过程记录，并及时将视频文件及验收签字确认结果传送至铁路工程管理平台，确保了工程验收的真实性、实时性和可追溯性。

（三）混凝土质量手机APP动态监控。监理工程师在手机上安装混凝土温度监控系统APP，通过移动端能够24小时监控拌合站混凝土出机温度和现场混凝土结构养护温度变化情况，并增加了混凝土温度变化预警功能。针对拌合站出机温度报警的问题，能够做到第一时间组织施工单位查明原因，制定整改措施，确保了混凝土施工质量。

（四）推进BIM技术在桥梁施工中的运用。在固安特大桥跨廊涿高速128m连续梁转体前，监理站组织施工单位运用BIM动画进行转体演示，共同梳理各种转体细节问题，连续梁转体前，监理利用BIM技术，对工人进行可视化交底，让他们直观看到重点部位甚至细节部位的施工安排和管线排布情况。组织施工共同对现场每道工序进行全面排查，确保了顺利转体。

（五）铺轨首次采用“北斗”定位系统。在监理标段内，铺轨首次采用了加装我国自主研发“北斗”定位系统的铺轨机，机身前后方安装摄像头，实时传输线路上机车运行画面和行驶速度，确保铺轨作业运输智能化、信息化。监理项目部与中铁十二局搭建起国内铺轨作业领先的运输调度智能化控制平台，实现了铺轨作业运输调度指挥信息化、机车运行监控实时化、施工安全管理系统化、统计分析自动化四大目标。

（六）现场监理工作全面纳入公司监理通办公信息系统。长城咨询公司引入监理通信息系统。京雄监理站接入监理通系统后，施工现场从材料进场报验到监理平行检验，从技术交底到方案审批，从旁站、巡视、检验批及分项分部验收、监理指令、问题库及整改到监理日志、日记等内业资料，从计划制定到监督考核，整个“三控两管”全过程尽在监理通信息管理系统内一一呈现，项目总监足不出户用电脑或在手机端即可对现场施工、监理情况了若指掌，存在的问题一目了然，真正做到了实时动态监控。

在全体监理人员共同努力下，三年来监理项目部管段内无一起质量安全事故发生，多次荣获雄安指挥部月度考核监理单位第一名，获京沈客专京冀公司“建功立业劳动竞赛先进集体”“标准化管理单元”“劳动竞赛先进集体”“保防疫成果、保工期节点劳动竞赛先进个人”等多项荣誉，圆满完成了公司赋予的光荣任务。

监理企业转型全过程工程咨询的创新与实践

——自贡东部新城建设 PPP 模式案例

丁家喻　王文波　张俊明　付水林

四川成化工程项目管理有限公司

摘　要：拓展工程服务内容，促使一批有条件的工程监理企业转型升级、创新发展，是行业主管部门多年的倡导，也是业界普遍的共识。但由于碎片化的资质管理和缺少配套可行的政策法规支撑，使得监理企业向综合项目管理或全过程咨询的转型在实际工作中难以推行。本文案例借助PPP模式及政府购买服务的采购流程，将全过程工程咨询的纵向与横向多项服务内容集成落地，实现了监理企业向全过程工程咨询的转型升级。项目实践过程中全过程工程咨询相较于传统监理在工程造价、工程进度、安全生产和日常管理工作中有显著优势。鉴于该项目中的创新与实践具有可复制、可推广的参考价值，特予梳理，以飨同道。

关键字：监理转型；全过程工程咨询；工程项目管理；PPP咨询

一、项目概况与建设组织模式

（一）项目概况

本案例项目名称为自贡市东部新城生态示范区一期工程 PPP 项目，实施机构为自贡市住房和城乡建设局，建设单位为自贡华西东城投资建设有限公司（SPV 公司）。

这是当地第一个采用 PPP 模式建设的项目，建设体量大，一期工程安置 4214 户，建筑面积 52.4 万 m^2，两横两纵四条市政道路共 10.01km，总投资 22.36 亿元，其中工程费用 16.74 亿元。

（二）项目建设组织模式

项目的建设组织模式包括工程承包和工程咨询管理两个方面，本项目的工程承包为社会资本投资加施工总承包模式，建设咨询管理为以项目管理牵头的全过程工程咨询模式。

按照本项目合同约定，项目全方位全过程项目管理服务内容包括提供 PPP 咨询、社会资本采购代理、设计咨询、项目管理、工程监理和全过程造价咨询，都由一家公司承担。提供服务的时间阶段包括项目策划和决策阶段、设计阶段、采购阶段、实施阶段、完工和验收阶段以及缺陷责任期管理阶段。

本案例落地时间早、服务专业多、涉及项目生命周期各个阶段，是最接近行业共识的全过程工程咨询服务模式，也是监理公司拓展服务、创新发展的可借鉴模式。

二、监理企业向全过程工程咨询转型的系列创新

2014 年 9 月 21 日，国务院发布了《关于加强地方政府性债务管理的意见》（国发〔2014〕43 号），该文件的发布拉开了政府与社会资本合作即 PPP 模式的推广大幕。但随后相继出台的部委级文件都缺少 PPP 模式运作的具体规定。

如何做到既不违规又要尽快推进项目建设，正是本项目在 2015 年 8 月确定采用 PPP 模式时遇到的窘境，也是本案例有所创新的亮点。

（一）项目招标模式的创新

PPP 模式中“两标并一标”是行业内后来的说法。当时的普遍做法是先根据财政部颁发的《政府和社会资本合作项目政府采购管理办法》（财库〔2014〕215 号）文件采购社会资本投资人，即先确定 PPP 项目社会资本的第一次招标（非招标方式），投资人确定后再根据招标投标法采用公开招标选择施工单位，即必须再执行第二次招标程序。

本案咨询公司通过深入研究招标投标法、采购法及其实施条例，创造性地提出将两次招标合并为一次招标，以公开招标的采购招标模式选择本项目社会资本联合体。经相关部门认可实施后为项目于2016年3月及早落地创造了条件。该做法与后来的部委文件精神相符，再后来则成了行业惯例，得以大规模应用。

（二）工程监理委托主体的创新

根据《建筑法》第三十一条规定，实行监理的建筑工程应由建设单位委托具有相应资质条件的单位监理。该法第三十四条规定，工程监理单位与被监理工程的承包单位以及建筑材料、建筑构配件和设备供应单位不得有隶属关系或者其他利害关系。但在PPP模式下，以社会资本为主组建的SPV项目公司作为项目的建设单位，特别是经由“两标并一标”采购确定的社会资本股东与施工总承包单位之间是利益关联方。如果监理单位仍由建设单位SPV公司委托，作为建设单位委托人身份的监理单位将不符合“不得有其他利害关系”的规定。

因此，本项目监理单位就改由政府实施机构委托，即监理单位应为实施机构提供监理服务，并应按照政府采购法及实施条例的相关规定，通过政府采购方式确定本项目的监理单位。

（三）整合包含监理在内的多项工程咨询服务招标为政府购买项目管理服务的创新

由于工程领域企业资质管理导致的碎片化现状，多数工程咨询服务类企业资质单一，技术力量单薄，规模体量不足，而且即使有少数资质较多、技术势力较强的工程综合咨询类企业，现行招投标法规和建设领域行业惯例也不鼓励工程咨询企业承担多个专业的咨询业务，这就导致行业认可的主流做法是一个项目的招标代理、项目管理、工程监理和造价咨询等都需委托不同的公司，即使是拥有多项资质并且综合咨询经验能力都很强的公司也不可能承接同一项目的多项咨询业务。

难能可贵的是，本项目的政府相关主管部门，借助PPP模式推行的契机主动作为，依据《政府采购竞争性磋商采购方式管理办法》（财库〔2014〕214号）文件的服务类项目可以磋商采购精神大胆创新，将PPP模式建设项目所需的多项工程咨询视作政府购买服务项目，即把政府的实施机构需要的PPP咨询、采购代理、项目管理、工程监理和造价咨询等多项工程咨询服务内容打捆委托财政采购中心一次性采购完成，也才使得本项目产生了超越当时工程领域条件限制的全过程工程咨询案例。

（四）全过程咨询服务委托主体的创新

建设单位需要的单项、多项或全过程工程咨询服务，在传统建设模式下，应由建设单位委托聘用，是无可非议的行业运行模式。

但以PPP模式建设的项目，基本都是涉及公共利益和政府支出责任的项目。PPP项目中社会资本投入的回报机制包括使用者付费、可行性缺口补助和政府付费三种模式。无论哪种付费模式的PPP项目，其建设成本的真实性和运营成本的合理性，都与政府支付和社会公平息息相关。以社会资本为主组建的PPP项目建设单位即SPV项目公司，不应有自定成本的权利，即不应公权私用，应当设置能够隔离咨询服务企业为资本御用的屏障。本项目全过程咨询服务委托主体的创新之处，同工程监理委托主体的道理一样，也是由政府实施机构委托的。这里因为《建筑法》对工程监理有单独明确规定，故而分别予以表述。

三、传统监理企业转型全过程工程咨询应有的组织模式升级

（一）传统监理企业组织模式的局限

目前我国的建设工程监理阶段主要为施工监理，即在施工阶段对项目所进行的监理，其主要目的在于确保施工期间安全、质量、投资和工期等满足业主的要求。在此背景下，传统监理企业组织模式和人员储备相对单一，无法提供工程全周期咨询服务。由于条块分割管理的现状，也造成我国的工程监理服务范围不可能覆盖工程项目的全过程。

项目前期的规划设计方案对项目的工程造价、建造周期、施工难度和安全风险的影响是显著且直接的，由于传统监理公司无法介入设计阶段甚至更前期的咨询工作，直接导致传统监理行业在工程全周期管理中所发挥的作用受到很大局限。

因此，监理企业若要突破现有咨询服务范围的局限，需对传统的组织模式进行创新，进行多专业人员储备和培养，从而实现传统监理企业向全过程咨询服务提供商的角色转型与升级。

（二）全过程工程咨询企业应有的组织模式

工程监理企业，以及勘察、设计、造价咨询、招标代理等单一业务的工程服务类公司，如果准备拓展专业内容更加广泛的全过程工程咨询业务，不仅需要吸收和培养各类专业人才，更应构建

起与多专业人才培养、多项目咨询管理团队需求相适应的组织架构。

本案例咨询公司的专家团队，曾经参与20世纪国内工程承包模式试点改革，系统研究过国际公司项目管理理论和操作手册并将其本土化运行，是国内最早有机会接触学习国外工程管理经验的先行者。十几年前，当建设部《关于培育发展工程总承包和工程项目管理企业的指导意见》（建市〔2003〕30号）和《建设工程项目管理试行办法》（建市〔2004〕200号）两个文件发布时，公司专家团队见到了工程建设组织模式终将改变的发展前景，心无旁骛地坚持十余年，参照国际公司的组织架构逐步组建起能够承担全过程工程咨询的成体系专业团队，改造完成了公司层面的矩阵式组织模式和项目层面的项目经理负责制模式，并按照这一组织模式实施完成了总投资逾100亿元工程项目的管理业绩，其中的四川广播电视中心工程全过程工程项目管理加全过程造价咨询服务模式，为该项目荣获2012年度“鲁班奖”展现了出色的综合咨询管理能力。

（三）公司层面的矩阵式管理组织模式

矩阵式管理组织模式，是借用数学矩阵表示各个工程项目与公司专业部室的相互关系。如图所示，矩阵的横向线表示各个具体项目，矩阵的纵向线表示各个专业部室，纵横线的交汇点则表示各业务部室派出的专业工程师，与项目经理共同组成各个具体项目管理部。

公司和每个项目部对于具体项目的管理目标是一致的，即项目部经理是从项目部的角度来保证项目目标的实现，公司的专业部室则是从专业管理的角度来保证项目目标的实现。

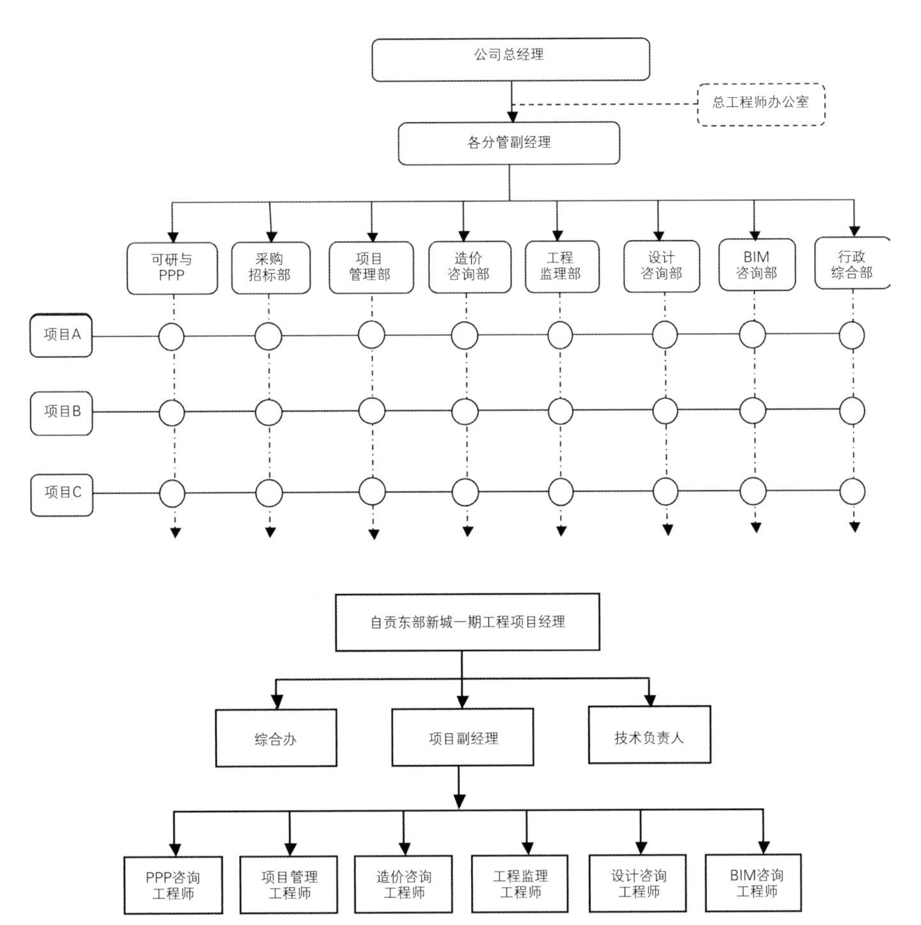

公司层面矩阵式组织结构框图

具体项目部与专业部室之间有明确的角色定位，专业部室是公司的各专业技术中心，负责专业能力的建设和专业人才的培养。专业部室的技术水平则代表着公司在该专业领域的技术水平。具体项目部则在项目上代表公司管理控制每个项目的质量、进度、投资、安全、环保等具体目标。项目部的综合管理水平也代表着一家公司的综合项目管理水平。

（四）项目层面的项目经理负责制组织模式

项目管理部是咨询公司派驻现场的最高领导机构，实行项目经理负责制，项目经理是项目管理部的总负责人，协助公司确定现场管理机构的组织构架，明确各部门的工作范围、工作职责及工作目标。项目副经理、技术负责人直接受项目经理领导，协助项目经理工作。各专业工程师则在项目管理部领导下负责完成各自的专业工作。

本案例项目管理部组织结构设置如下，其服务对象为政府PPP项目实施机构，按照合同约定协调管理SPV项目公司、施工总承包单位、勘察设计单位及实施机构委托的其他服务单位。

四、全过程工程咨询实践成效

（一）施工安全、质量、投资和工期等方面的实践成效

本案例采用矩阵式管理实施的全过

程工程咨询，运行良好、成效显著。项目原来的总图竖向设计方案不合理，造成高填方、深挖桩，数百万立方米挖填工程量不能自行平衡。咨询公司对此提出的优化建议可节约造价1亿5000多万元、节约工期3个月以上。当地习惯采用人工挖孔桩，施工图和施工方案都按人工挖孔桩考虑。咨询公司调查论证后建议修改总长8万多m的人工挖孔桩为干作业旋挖钻孔灌注桩，既能节约投资4200万元又能大幅缩短工期。

（二）项目日常管理工作中的实践成效

实行全过程工程咨询的好处不仅体现在明显的投资节约和工期可控的量化效果上，还体现在日常管理工作的诸多方面：

1. 矩阵式管理的组织架构能够保证现场项目部随时获得总部专业部室专家团队的技术支撑，从而代表并反映公司整体综合的咨询管理水平，可以有效避免现场团队出现经验短板和知识盲点的弊端。

2. 由一家咨询公司牵头负责的全过程工程咨询，不仅能实现专业化管理，还能保证咨询责任明确，在项目层面上避免了行业内多年来因为碎片化资质管理和平行委托、多头委托咨询公司情况下各专业团队各负各责、各说各话、互相推责的常见乱象。

3. 在全过程工程咨询工作中实行项目经理负责制，可以保证在咨询公司内部的各专业统一认识，做到技术与经济、技术与管理的统筹协调，互为印证、相互支撑。

监理工程师要对签署文件涉及的工程质量和数量负责，不得出现模棱两可、引发歧义的用词；造价工程师需对签署文件涉及造价是否应当支付的原则表达明确意见，同时要对涉及造价的准确性负责，不得超出行业公认的合理误差。

4. 全过程工程咨询有利于实现过程控制，论证于先、防患未然，避免重大失误的发生。

5. 全过程工程咨询还能保证工程内业资料的一致性。行业内常见的多家咨询公司对于同一现场签证变更资料的表述不一致，是造成日后审计结算纠纷不断、久审难决的根源，保证过程资料的统一与互证，则可免此一弊。

参考文献

[1] 卢航海，于静彬．化工建设项目管理[M]．北京：化学工业出版社，1988．
[2] 利维．施工项目管理（原著第四版）[M]．王要武，台双良等，译．北京：中国建筑工业出版社，2004．
[3] 中国建筑设计咨询有限公司．建设工程咨询管理手册[M]．北京：中国建筑工业出版社，2017．

创新与竞争并举　推动监理企业高质量发展

王勋
中煤科工重庆设计研究院（集团）有限公司

一、监理企业面临形势

自1988年我国开始试行监理制度，到1997年《中华人民共和国建筑法》以法律制度的形式做出规定“国家推行建筑工程监理制度”，从而使建设工程监理在全国范围内进入全面推行阶段，从法律上明确了监理制度的法律地位，距今已30多年。建设监理服务是商品经济发展的产物，在我国工程建设和经济社会发展中发挥了较大作用，但目前我国监理行业面临一些发展瓶颈。

（一）监理企业发展瓶颈

1.我国大规模基础设施建设发展放缓，工程监理项目总量减少；传统监理面临服务模式转型等改革的挑战，生存难度增加。

2.固有的观念已经形成，监理地位在参建各方中难以发挥效用；监理取费比重较低（特别是与国外咨询行业比较），监理责任重大。这些相悖的实际情况，使监理行业的发展受到了阻碍。

3.先进的科学发展成果在监理行业中应用迟缓，如BIM、“互联网+”等新兴技术少有成熟的案例在实践中应用甚至推广。零星的试点而未总结出系统的模式，使监理很难在新时代改革创新和转型发展中立足潮头，涌现一批规模大、技术新、信息交互频繁的重点工程。这些不适应，是监理企业所面临的共同发展瓶颈。

（二）创新+竞争是最好的催化剂

改革创新监理模式是监理企业发展的有效路径之一，通过创建高智力队伍、创新增值性服务、创研信息化管理等手段，使“常规”监理模式向全过程工程咨询服务转型。另外，充分的市场竞争是市场经济的典型特征，通过强力的，甚至残酷的市场竞争来驱动监理企业的内在动力，通过竞争来获取生存发展空间。笔者认为，监理企业可在不断完善“修炼内功”的基础上，大胆尝试新的服务模式，两头并举地推动监理企业完成价值提升。

二、创新路径的几点思考

工程监理制度向全过程工程咨询服务转型，其根本动力来自获取更多剩余价值。全过程工程咨询，涉及建设工程全生命周期内的策划咨询、前期可研、工程设计、招标代理、造价咨询、工程监理、施工前期准备、施工过程管理、竣工验收及运营保修等各个阶段的管理服务。其基本特点是模块多、专业性强，高效实现路径可以从以下角度出发。

（一）创建高智力队伍

人是生产发展的最活跃因素，也是智力型服务行业最核心的资产。企业可从人才配备、培训、使用、激励等4个方面创建高智力储备队伍。

1.配备高学历人才。监理企业目前配备的一线监理人员往往都是较低学历，这与教育发展成果和社会发展需求是不相称的。全过程工程咨询所涉及的各个阶段，需要配备不同专业、不同能力的高学历人才才能适应其综合管理服务的要求。其学历分布应当满足正态分布，即大多数人员应当具备大学本科学历，对于重要岗位还应由具有研究生学历或经验丰富的高职称人才负责。

2.培训高水平人才。监理企业自身的培训和社会培训可同步推进，具体措施包括项目部实操学习研讨、定期组织企业专题授课、各部门间交流讨论会议、参加协会组织培训等。提高人才的职业素质和能力，拓展知识空间向新事物、新方向扩充。

3.使用并激励高智力人才。鼓励员工一专多能，为综合素质较强的员工提供展示舞台和上升空间，鼓励总监或优秀的总监代表向全过程咨询负责人方向发展，具备较高的技术、管理、协调综合能力，使各层次人才在各个重要岗位上发挥积极性、主动性和创造性。

（二）创新增值性服务

监理企业创新增值性服务，努力向全过程咨询服务转型有一些优势：

1. 有效贯穿工程建设全过程。在工程项目建设的前期阶段，监理企业可对工程项目的项目建议书、可研报告、风险评估报告等相关资料进行核查与分析，协助做好准备（研判）工作；在工程项目建设施工过程中，监理企业可对“三控三管一协调”等方面进行有效管控，促进项目建设整体过程更具完整性、合理性；在工程项目建设后期，监理企业可对工程竣工验收、资料整理归档、运营保修等环节起到促进作用。相较于其他咨询企业，监理企业转型全过程咨询企业更具有实践性和有效性。

2. 合理协调工程项目参建各方工作。工程全生命周期实施过程中，所涉及的单位众多、包含的工作内容众多，容易受到多方面因素影响，具有一定的不稳定性，导致传统建设模式的整体协调性和管理水平较低，并非高效。监理企业可发挥协调优势，协同建设单位与供应商进行交涉，对工程资源进行合理调配；可为工程项目相关单位提供工程造价、项目投资、法律法规等方面的咨询服务，能够对工程项目施工过程进行更加全面的掌握，有利于协调工程项目各单位的工作内容，提高工程项目施工质量及管理效率。

监理企业创新增值性服务，向全过程咨询服务转型有以下几点建议：

1. 获得相关部门认同。政府及部门应加大对全过程咨询企业的认同，继续下发相关政策和指导意见，进一步加强试点项目的推进力度。同时各监理企业需抓住机会，做好试点项目的实施工作或观摩（学习）工作，并与其他监理企业进行合作发展，实现共赢。

2. 如前所述，加大人才储备、培养，为企业发展转型提供有效推力。

3. 积极引入和创研信息化管理手段。加快科技成果的商业化运用，可采用基于“互联网 +”的网络信息平台管理方法，建立三级信息网络系统，通过基层级、中层级、高层级信息网络子系统的应用，提高信息在网络上的收集、传输和利用效率，从而实现信息化管理。

三、白热化市场竞争利于推动高质量发展

新时代高质量发展的要求与当前市场经济白热化的竞争局面相互促进。具体到监理企业，加强市场竞争力可从战术和战略两个层面考虑，通过充分调动自身的内在动力，来赢取在市场份额中的一席之地。

（一）站稳固有领域，把握现有市场

监理企业承揽其资质相适应的监理业务是生存的根本，当前承揽监理业务的主要途径包括工程建设项目招标投标、企业战略合作协议等。通过 30 年来的发展，一些监理企业已呈现业务范围的差异化，如专注于大型公共公用建筑、地产商服务、环境（能源）生态板块等。地域特征也有一定体现，本市监理企业享有一定的“地方保护主义”和资源优势。以良好的服务，较高的技术咨询实力，换取业主的认可与认同。站稳固有领域，把握现有市场，做大做强现有的“蛋糕”是在市场竞争环境下突围的基础。

（二）开拓域外市场，争取更多份额

努力发展域外市场，包括两个方面。第一，向全过程工程咨询服务、项目管理一体化等方向发展，前文已做部分阐述，此处不再展开。第二，向外地市场、其他监理资质板块拓展。监理企业可以通过结构调整、人才吸引等手段实现监理资质的拓展，发展新的业务领域，也可以在现有资质范围内向外地市场谋取更多资源，以求在新的根据地发展壮大。当然，市场是具有风险的，开拓域外市场的前提是做好充分的风险评估和准备工作，否则将会浪费现有资源而得不偿失。

（三）修炼“内功”，获得认可

监理行业其本质属于技术服务类，所谓“打铁还需自身硬”就是强调修炼“内功”的重要性。以优质的技术咨询服务，换取业主的认可是推动高质量发展的重要途径。通过开展贯标工作，科学化管理监理企业；通过人才建设工作，优化监理企业组织结构；通过开展业务培训、巡视检查等工作，加强监理企业质量建设；通过团队建设工作，增强员工凝聚力和战斗力。

（四）做好监理项目，加强品牌建设

当下的社会是注重品牌效应的社会，企业要创品牌、创名牌才能立于不败之地。特别是在现阶段下的监理市场，挂靠、私人承包、小微公司揽业务而不担保质量的情况不乏多见。这类企业人员缺乏、实力不足，却把整个市场搞得一团糟，造成了一定的负面影响，使得部分业主对监理企业不信任。

树立强烈的品牌意识。包括企业品牌标识工作、工程形象工作和产品标

志工作；在更高层面，企业还可站在战略角度树立“大品牌”意识，通过教育、宣传、管理，深化和强化员工品牌意识，从而扩大监理企业的影响力和知名度。

加大宣传工作，提高社会知名度。企业知名度的提高，在方式恰当的前提下往往能达到事半功倍的效果。做好企业的广告宣传和加强企业的公共关系，事关企业的对外发展规划，也是通过实施企业文化输出而把企业与外部联系起来的重要途径。具体措施包括：（1）制作精美的宣传画册、网站，展现公司业绩和特点；（2）重视行业内刊交流、广告等，通过针对性强、专业性强、发行量大、宣传面广的行业刊物得到充分展示；（3）项目现场统一着装，使用标准化标识标语展现监理企业特征。

结语

30年来，监理行业循序渐进、不断革新的意识未有消减，监理企业也在不断摸索、总结、思考，在创新中发展。环顾当下，一方面监理企业立足于增强企业核心竞争力，培养和引进人才，树立品牌形象，不断开拓关联市场才能在残酷的市场竞争中立于不败之地，从而推动行业高质量发展。另一方面，随着政府部门监管制度和法律制度的日益完善，大胆尝试新的服务模式，通过全面而专业的咨询服务，获取更多的剩余价值，从而在根本上转变监理企业的固有地位，实现价值提升。

参考文献

[1] 瞿博文，陈燕菲．非强制性工程监理制度改革及对策研究[J]．建筑经济，2015，36（08）：15-17．
[2] 鹿中山．工程监理服务评价及激励机制研究[D]．合肥：合肥工业大学，2015．
[3] 邓强．广东重工建设监理有限公司发展战略研究[D]．广州：华南理工大学，2012．
[4] 闫天华．建设工程“监理”合同地位和职权的国内外比较研究[D]．北京：清华大学，2012．
[5] 喻文俊．浅谈如何加强市场竞争力，做大做强监理业务[J]．中国高新技术企业，2009，11：66-67．
[6] 贺晓亮．实施战略管理，提升工程监理企业的竞争力[D]．成都：西南财经大学，2003．
[7] 曹晓虹．新时期监理企业向咨询企业转型发展的途径研究[J]．时代经贸，2020，19（04）：12-13．
[8] 陈东升，魏建国．新形势下工程监理企业发展的约束和挑战研究[J]．公路与汽运，2020（03）：149-155．
[9] 孙士雅，韩向春．“一带一路”倡议下监理企业国际化发展策略探讨[J]．建设监理，2020（03）：38-41．
[10] 文聪聪．重庆市工程监理行业发展策略研究[D]．重庆：重庆大学，2012．
[11] 黄金枝．咨询监理在改革创新中发展[J]．建设监理，2017（06）：14-16．

用筑术云保驾护航、确保项目安全质量

杨正权　赵晓泊

永明项目管理有限公司

摘　要：自2017年以来，永明项目管理有限公司招标、造价、监理、全过程工程咨询四大业务板块上万个项目全面应用筑术云—信息化管控平台，项目总投资近万亿，没有发生一起重大安全与质量事故，并获得各类几十项省级以上奖项，成为监理行业信息化管控标杆，利用筑术云—信息化管控平台科学管控项目，赋能企业高质量发展。2020年永明项目管理有限公司合同中标额20.3亿元，位居行业前列，创下陕西省建筑企业中标数量排名第一的辉煌业绩。以下仅以西安地铁6号线项目为例与大家分享、交流：项目监理机构如何应用筑术云—信息化管控平台开展监理工作，期待共同学习，提高监理信息智慧化服务水平。

一、项目概况

西安地铁 6 号线侧坡车辆段与综合基地项目为西安市首批实行 TOD 上盖开发的车辆段，项目除综合楼外全部进行上盖开发，侧坡车辆段造地面积约 16.2 万 m^2。盖下部分有运用库、检修库、咽喉区、洗车库以及污水处理站等地铁功能设施；上盖业态为高层住宅，由地块东、南侧设置引桥进入上盖地坪。

项目位于西安市地铁 6 号线一期工程线路南端，接轨国际医学站。项目概算约 23 亿元，位于高新区及长安区两个行政区域，侧坡车辆段 TOD 上盖开发后，总建筑面积达 19.6 万 m^2，位居同批次立项上盖的车辆段之首。

二、项目特点

西安轨道交通线网在建工程的四个“第一”：

1. 第一座全上盖车辆段。

2. 第一座跨越地裂缝车辆段。

3. 第一座创新尝试性使用高强度预应力管桩的车辆段。

4. 第一座跨越集中文物区采取特殊措施保护性处理的车辆段。

同时，也是西安市轨道交通线网中投资大、建筑体量大、盖板面积大、开发强度大和人防面积大的车辆段。

三、工程难点

（一）项目共设计混凝土用量 44 万 m^3，钢材 8 万 t，型钢构件 1.6 万 t，各种工程材料及辅料用量均较大。

（二）项目繁多、专业性强、技术标准高、工期要求紧迫

侧坡车辆段本项目负责施工范围包括：站场土石方、地基处理、道路、围墙、构筑物、房屋建筑、给水排水及消防、低压配电及照明、通风空调及供暖等多系统工程，项目繁多、工作内容繁杂、专业性强、技术标准高。本工程施工总工期 630 日历天（2019 年 4 月 1 日—2020 年 12 月 30 日），并明确了多个关键节点工期，工期紧、任务重、专业性强、技术标准高，平行交叉量大、施工投入大，施工组织和管理能力要求高。

（三）项目安全管理任务重难度大

项目建设周期较短，工程量大，高

峰期现场劳动力约为3200人，人员多，且周边无安置条件，全部采用现场临建进行全体参建人员安置，安全管理难度及风险极大；现场全面同步施工作业，机械设备多，存在群塔作业，安全管理风险大；现场危大工程较多，高大支模体量大，深基坑较多，施工过程中安全风险管控难度大。

（四）专业接口关系复杂，施工协调配合管理工作量大

侧坡车辆段与综合基地工程项目多，内容繁杂，参建单位多而施工场地有限，除本标段进场外，轨道、供电/接触网、通信、信号、工艺设备安装、计算机网络、安防系统、综合监控系统等专业承包商亦将在本标主体结构工程完成后介入施工，参建单位多而施工作业场地有限，交叉作业多，地盘管理及综合管理难度大，对施工造成一定困难；本标施工承包商需要承担起地盘管理的责任和义务，对红线内施工用地进行统筹考虑、合理安排，为进场施工的其他承包商提供必要的场地、施工作业面和积极配合，从工程的大局出发，妥善解决施工过程中可能出现的干扰和矛盾，减少因场地紧张、施工作业面交叉施工干扰对正常施工的影响，以确保工程的顺利进行。

（五）安全文明施工及环保要求高

工程建设意义重大、社会公众关注度高，对环境保护、文明施工的标准高、要求严，在施工时需要突出文明施工及环境保护，采取完善的措施使施工对周边环境的影响降低到最小，严格控制施工污废水、施工噪声、施工粉尘、建筑垃圾的排放，坚持安全文明和绿色施工。施工中发生的任何安全事故、不文明举措以及施工机械排放的废气和噪声等对周围环境造成污染，都将会影响业主及施工单位的企业形象；该工程规模大、从业人员多、地下结构支护要求高、高空作业多、吊装工程量大、交叉作业多，存在高处坠落、物体打击、坍塌、机械伤害、触电等重大危险源，以及噪声、扬尘、施工废水、建筑垃圾等重要环境因素，安全文明施工难度大，因而对安全生产、文明施工、环境保护提出了更高要求。

四、监理工作方法和措施

针对上述特点和难点，项目监理部进行了详细认真分析，除要求施工单位编制具有针对性的技术方案（措施），监理严格按程序审查外，公司决定首次在地铁项目应用筑术云信息化管控平台开展智能监理，公司技术中心对该项目实行三级管理，并利用筑术云专家在线服务平台提供教授及院士级专家咨询服务，适时解决该项目工程施工难题。

（一）监理工作方法

1. 项目监理机构成立后，项目监理人员需及时申请公司技术中心网络信息部开通项目监理人员筑术云账号信息，协助公司建立后台网络信息管理平台，安装筑术云信息化系统，并保持项目网络信号畅通。

2. 运用施工现场视频监控系统、无人机、网络计算机、执法仪和手机APP对项目工程质量、造价、进度、安全等进行信息化管控。

3. 通过施工现场视频监控系统+现场监理对确定旁站的关键部位、关键工序，进行全方位、全过程旁站。

4. 通过运用筑术云视频监控系统对项目监理实施过程中所产生的监理信息资料适时上传，公司专家在线平台审核，资料永久留存。

5. 具体实施要求。

1）项目监理人员应根据现场施工情况运用筑术云视频监控系统进行24小时值班巡视监控，应将运用筑术云视频监控系统产生的现场图片、视频等信息资料发送项目工作群，每日不少于50张，用于指导施工单位对施工现场存在的问题，并进行整改，为建设单位对项目建设及时下达指令提供可靠信息和依据。

2）施工现场的摄像头需在全覆盖的基础上重点对准施工重点部位、关键工序和作业环境（如项目型钢柱安装全过程及型钢与梁柱板节点部位施工），保持视频监控画面清晰和正常使用。

3）项目监理人员需对视频监控画面实时下载录像或截屏拍照，施工过程中重要环节的影像资料及时上传至公司数据库存储，每天不少于50张。

4）项目监理人员需通过筑术云视频监控系统对施工现场存在的安全质量问题，及时下发整改通知单和安全巡视检查记录，填写完成的整改通知单和安全巡视检查记录应在次日10点以前上传至“专家在线”。

5）项目监理人员需通过筑术云信息化系统结合现场监理对施工过程中关键节点、重要部位以及危险性较大的分部分项工程进行全过程旁站并及时填写旁站记录，填写完成的旁站记录应在次日10点以前上传至公司专家在线。

6. 公司后台视频工作人员、专家通过网络信息管理平台查看项目监理情况、工程建设情况，强化公司对项目实施的三级管理，针对施工现场存在的质量、安全问题及时提出纠正整改意见。

（二）监理工作措施

1. 分别在公司、监理项目部搭建、安装智能大屏——筑术云信息共享平台，实时监控项目现场施工状况，对施工过程进行全过程留痕管理，齐抓共管施工质量、安全和进度。

2. 建设、施工、监理均安装手机APP，应用筑术云视频监控系统随时对现场进行管控，时时掌握现场施工动态

由于本项目参建各方共同应用筑术云信息共享共管平台，对项目进度、安全、质量问题，各方得到了更好、更高效的沟通，协调解决。同时，项目部监理人员在施工现场通过视频监控系统与公司后台专家在线适时连线，解决工程中的疑难问题。本项目管理过程中共发现解决各类问题160余条，其中公司后台专家发现问题82条。

3. 监理部全面推行“网络信息化、规范化、标准化”服务与管理

应用筑术云专家在线服务平台及时编制监理规划和危大工程等方面监理实施细则。该工程施工质量、安全的关键部位、关键工序旁站记录齐全，电子版监理日志记录详细，监理例会纪要、监理检查记录、监理通知单等要求整改回复及时。所有监理资料整理有序，并进行了胶装归档，较为规范化和标准化。

4. 无人机、执法记录仪等在地铁项目中的使用

利用无人机对现场施工质量、进度、安全、治污减霾等进行整体把控，确保本项目质量、进度、安全、投资等控制总目标。在项目实施过程中在西安市首次使用无人机实施监控液压冲击管桩重锤高度，采集施工数据，把控现场施工质量。

5. 在本项目实施过程中，项目监理人员应用智能检测设备严把质量验收关，及时组织施工、业主、监理人员对进场材料进行三方联合验收。施工过程中利用执法记录仪、举牌验收、验收台账等多项措施将质量、安全管控责任务实到人，做好项目施工各道工序均可溯源追查，为工程质量保障提供了依据。

五、应用筑术云信息化管控平台取得的效果

（一）西安地铁6号线TJJL-5标自2016年11月7日中标，经历了征地拆迁、项目方案重大变更等因素，于2019年4月1日正式开工，项目历时18个月，完成产值约21亿。

项目实施过程中，我们应用筑术云信息化管控平台，为建设单位提供优质的增值服务，2020年4月轨道公司组织全线各监理标段到公司监理部进行交流、观摩学习活动。

地铁6号线侧坡车辆段项目开工建设以来，在不同阶段接待同行学习、考察及交流共计302次。

（二）喜中新标

本项目自2019年4月1日开工建设后，备受社会关注，特别是公司应用筑术云信息化管控平台对该项目开展监理智慧化服务的做法得到西安市轨道交通集团有限公司领导的认可，公司于2019年11月25日中标西安地铁8号线JLFW-3标段；2020年7月6日再次中标西安地铁10号线一期工程施工总承包监理项目5标段。西安地铁监理项目合同额累计超过1亿元。

（三）应用筑术云信息化管控平台给建设单位提供增值服务，赢得用户口碑

自本项目开工建设以来，通过筑术云系统的应用，规范监理人员行为、监理工作程序和监理资料，为建设单位提供优质增值服务，监理部在西安市轨道交通集团有限公司信誉考核中多次名列前茅，利用现代化管控手段，保障施工进度，也获得了多次节点考核奖励。

（四）应用筑术云信息化管控平台开展监理智慧化服务不仅为公司赢得了客户和项目，同时，也大大提高了项目监理人员收入。在项目实施过程中，充分发挥筑术云信息化管控平台的优势，一个人干多个人的活，将项目成本有效降低，根据降本增效管控要求对项目人员定期进行奖励，有效地提高了现场监理人员的收入和工作效率。

（五）应用筑术云信息化管控平台确保本项目工程质量达到合同约定的优质工程目标，竣工验收一次通过，确保本项目工程施工安全无事故。2020年12月26日西安地铁6号线一期工程安全通车试运行，28日正式投入营运，深受社会各界广泛赞誉。在西安地铁6号线通车后，西安市轨道交通集团有限公司建设分公司发来感谢信，感谢永明项目管理有限公司在侧坡车辆段建设过程中的付出和筑术云信息化管控平台使用带给建设单位管理上不一样的体验以及提供的优质增值服务。

大型体育场馆项目群监理安全风险管理

杨波　谭神养　赵儒贵等

上海建科工程咨询有限公司

摘　要：针对大型体育场馆项目群安全风险管理工作，本文以某大型体育场馆项目群为例，归纳总结了大型体育场馆项目群安全风险特点及难点，并在此基础上，提出了一种以专业为导向的大型体育场馆项目群安全风险管控模式，即“专业、高效的岛链式联防联控工作模式”，明确了以“项目单体”为工作岛，“专业”为牵引链，形成安全风险管理工作岛链。在具体实施方面，建立以专业组为核心的监理组织机构，强化各专业组组长风险管理能力，同时，明确各专业组安全工作内容与责任，有效开展安全风险联防联控工作，同时植入“安全风险管理无边界”的工作理念，保证了安全风险管理内外部及时沟通，并引入“安全风险管理责任田制”的工作机制，让安全风险管理责任落到实处，确保了安全风险管理工作有效畅通与安全风险有效解决。笔者通过某大型体育场馆项目群的安全风险管理实践，得出这一新颖的“监理工作模式、监理工作理念、监理工作机制”组合运用，并在大型体育场馆项目群风险管理中起到实效。

一、某大型体育场馆项目群工程概况与特点

（一）项目群工程概况

某大型体育场馆项目群，由场馆、配套 R1 绿地及场馆配套用房构成，总建筑面积约 45.6 万 m^2。体育场馆分为专业足球场、综合体育馆，专业足球场 6 万座规模，综合体育馆 1.8 万座。

专业足球场：地上建筑面积 114025.15m^2，地下建筑面积 43543.17m^2。地下一层，地上五层（局部六层），建筑高度 64m。结构南北总长度约 281m，东西宽度约 231m。屋面内外场，内场为大开口索穹顶结构、上部膜结构体系；外场钢网架结构，上部为金属屋面。

综合体育馆：地上建筑面积 119704.76m^2，地下室 52098.56m^2，地下一层，地上七层，建筑高度 51.6m。结构长轴总长度约 175m，单轴宽度约 152m，屋面采用双层焊接球网架结构体系，为金属屋面。

场馆配套用房：地上建筑面积 74839.67m^2，地下建筑面积 54105.18m^2。地下两层，地上四层。建筑高度 23.8m。

配套 R1 绿地：地下面积约 1.3 万 m^2。

（二）工程安全风险特点

1. 项目工期紧，安全风险点繁杂

项目建设工期 2 年，历经基坑、地下基础，主体结构（含钢结构及屋面钢结构网架），屋面（含金属屋面和索膜结构），装饰与机电，室外与景观，体育工艺等阶段，每个阶段的风险如下。

1）基坑与地下室阶段：项目属超深超大基坑，分为 4 个功能区域同步实施，风险集中来源于深基坑开挖与降水，大体量排架搭设（含高大模板），高空交叉作业，钢结构高空吊装等引起的基坑坍塌、

排架坍塌、高处坠落、物体打击等风险。

2）主体阶段：3大功能区域相互独立，风险集中来源于大体量排架搭设，钢结构高空吊装，钢结构高空拼装，索膜高空吊装与安装，索膜整体提升与张拉，钢结构高空累计滑移，高空交叉作业等引起的基坑坍塌、排架坍塌、高处坠落、物体打击等风险。

3）屋面阶段：3大功能区域相互独立，风险集中来源于屋面钢结构整体卸载、屋面膜结构高空铺设、金属屋面板高空拼装作业等引起的结构失稳与坍塌、高处坠落、物体打击等。

4）装饰与机电阶段（含幕墙）：3大功能区域相互独立，曲面幕墙单元高空吊装，室内装饰与机电高空安装，室内装饰与机电高空交叉作业，室内幕墙吊装等引起的高处坠落、物体打击等。

5）室外与景观阶段：室外深埋管道开挖等引起的管沟坍塌。

6）体育工艺阶段：体育设施设备高空吊装与拼装（大屏、灯具、抖屏）等引起的高处坠落、物体打击等。

7）共性系统风险：临边缺失问题引起的高处坠落风险、临电不规范问题引起的失火与触电风险、废弃物与危险品处置不合理引起的易燃易爆风险、群塔作业不规范引起的物体打击与坍塌风险、起重吊装不规范引起的物体打击、外防护架不规范与不到位引起的坍塌与高处坠落等。

2. 建筑新颖，结构形式复杂，安全系统风险巨大

1）大跨度钢屋盖结构，属于超限结构，屋面钢结构吊装与高空整体拼装与滑移施工安全风险巨大。

综合体育馆钢屋盖采取高空整体累计滑移方式，包含了高空平台系统搭设、高空平台上拼装钢屋架、高空平台上分段整体滑移钢屋架、高空散拼、整体卸载等过程，系统风险巨大。涉及的大型起重设备有2台。

专业足球场钢屋盖采取分59段整体高空拼装后整体卸载，高空吊装安全风险很大。涉及的起重设备有2台。

2）索膜结构新颖，采用全球首类，索膜系统施工安全风险巨大。

专业足球场索结构采取地面拼装、逐步提升与高空拼装，达到一定高度后，与专业足球场内压力环形成整体，同步张拉、整体卸载；专业足球场内压力环地面拼装后，整体逐步提升，配合索结构高空拼装。整个索结构施工系统安全风险巨大。同时，采取索作为膜的受力支撑结构，必须借助脊索搭设索道作业平台，膜结构高空铺设风险巨大。涉及的大型起重设备有4台。

3）整体立面采用双曲面金属幕墙，高空拼装任务紧，风险大。

专业足球场金属单元板块共计49392块，高峰期采用了25台高空车。

综合体育馆金属单元板块共计26451块，高峰期采用了14台高空车。

配套商业金属单元板块共计20214块，高峰期采用了20台高空车。

4）工程体量大，结构复杂且异形结构多，起重吊装任务重，风险大。

专业足球场与综合体育馆结构采取现浇混凝土，结构形式为椭圆形结构，且结构跨度大，部分楼层梁板与看台梁结构采取预应力结构。结构体量大，施工难度大。7个月时间，排架搭设，总计钢材使用量28883t，排架搭设量137.5t/天，配合的群塔作业，塔吊共计26台，流动性汽车式起重机共计500台，平均10台/天。起重设备任务重，安全风险大。

二、大型体育场馆项目群安全风险监理管理面临的主要问题

（一）安全风险管理能力较差

1. 专业技术能力不足

作为大型体育场馆项目群，造型新颖，结构形式复杂，技术难点多且大，建设单位也会对监理的专业技术能力抱有更高的期望值。监理更多地注重程序管理与现场监督管理，对于专业技术的把控能力普遍偏弱，通常一知半解；对重要关键技术方案的审核及针对性细则的编制能力较弱，针对性的管理流程、管理方法的创新能力缺失。

2. 策划与预控管理缺失

针对大型体育场馆项目群项目风险管理，其重大系统性风险引起的危害与损失是巨大的，风险危害瞬间发生，不能采取常规的管理手段。当监理专业能力一般、责任意识一般时，会导致对系统性风险监督失控，若发生风险事故，其造成的危害不可估量。因此，针对系统性风险，监理必须识别现场系统性风险，尤其是新技术、关键技术等引发的系统性风险，注重风险策划与预控，守住安全风险的底线。

3. 安全风险教育培训针对性不足

监理作为大型体育场馆项目群项目风险管理的主要管理方，管理人员更需要有专业的技术作为支撑。因此，在要求施工单位对劳动力、管理者加强培训的同时，监理管理人员也应当进行专业、高效的培训。目前多数项目监理机构培训力度不足或者培训流于形式，进而风险层层转嫁，导致风险管理工作落实在

专业分包劳务工人与带班管理人员，而监理作为安全风险管理者一知半解，甚至一窍不通。

（二）安全风险管理效率低下

1. 层级划分不科学

对于大型体育场馆项目群而言，监理通常会接收建设单位及政府监督机构的管理。在接受建设单位管理方面，大型项目的建设单位会设置项目级、公司级甚至集团级安全管理机构，各安全机构对项目监理大多采取垂直管理，安全风险管理任务量巨大；在政府监督机构管理方面，其机构层级较多，同样面临任务量大的困难。而监理对于项目参建单位的管理，管理对象包括施工单位、供应商等，需要管理的对象多，传达的要求多，管理内容多。与此同时，监理内部也会存在总监、总代、各组长、监理工程师、监理员等层级的管理，如果监理不科学划分管理层级，理顺内部管理层级之间的关系，作为被监管单位与监督管理单位，两重身份，内部划分层级不科学，沟通协调就会难，问题落实也会难。

2. 责任主体划分不明确

对安全风险管理中出现的问题，内部、外部大部分都将其责任划分至总监、安全监理人员，进而导致总监、安全监理人员面临很大的工作压力。对于大型体育场馆项目群，其系统安全管理风险更大。对安全管理人员综合能力要求高。面对巨量的安全风险管理工作内容，需要不同层级的人员做好本职工作，其责任主体一定要明确。

3. 管理机制浮于表面

借鉴参考行业的项目群风险管理，不缺乏好的监理监督管理机制，针对大型体育场馆项目而言，完全可以借鉴与创新，建立一套合适自身项目的补充运行机制，而运行困难的症结在于落地。集中表现为安全风险问题协调与反馈不及时、处置不闭环、责任追究不到位等。究其原因，与监理内部的层级划分、责任主体明确、专业能力、工作态度等有着很大的关系。

三、专业、高效的岛链式联防联控工作模式

（一）工作组织模式

具体工作模式图如图 1：

1. 总体架构设想

建立以总监为核心，以专业组、安全组、总监办为重要组成部分的监理风险管理机构。设项目单体为工作岛，专业系统牵头，共性安全风险各自负责，水平方向与立体方向将每个工作岛之间相互串联，以此组成水平与立体链式联防联控的安全风险岛链。

2. 组织机构

设置监理项目部风险管理机构，由总监、专业组、安全组、总监办构成；总监、专业组长、安全组长与总监办负责人作为领导小组。同时，将监理人员划分到两个工作组，即专业组、安全组（大部分）为牵头的现场工作组、安全组（小部分）、总监办配合工作的信息管理组。

核心人员以总监为核心的专业组、安全组及总监办负责人。

主要骨干负责每个项目群的专业工程师、安全工程师、测量工程师、材料工程师及信息档案工程师。

执行员：每个项目的监理员、安全员、资料员等。

（二）工作内容划分

1. 素质能力基本要求

专业、高效的岛链式联防联控工作模式下的人员必须具备以下素质：

第一要素，核心人员以上的专业性要具备一定的高度，要有较强的学习欲望，本专业需要 5~10 年以上的工作经验，且有类似的工作经验。

第二要素，主要骨干人员的专业性与执行力要强，本专业需要 3~5 年以上的工作经验。

第三要素，主要执行员的责任心要强，需要 2 年以上的工作经验。

第四要素，必须要有高度统一的工作理念。

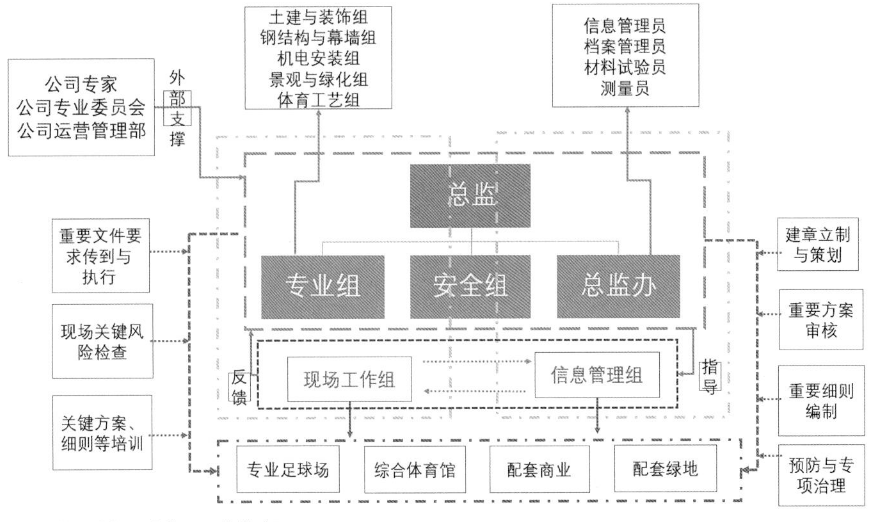

图1　监理内部风险管理工作模式图

第五要素，必须要有协同的工作机制。

第六要素，必须要有高度的责任意识。

2. 发挥总监及核心人员的带头作用

总监是项目的核心头脑，是团队核心中的核心，是内部的定海神针，是对外的名片，其高度的风险意识、责任意识、专业能力、综合管理能力很重要，是大型体育场馆项目群风险管理的最重要的掌舵人。因此，总监必须下沉到核心层，同时，从以下方面发挥带头作用：

第一方面：带领核心人员识别重大风险，并做好预控。

第二方面：带头核心人员加强过程重大风险的巡视、检查及整顿。

第三方面：必要时候，协助核心及骨干解决遇到的困难。

第四方面：督促核心人员做好风险的培训与总结。

3. 管理层级尽量少

监理内部的管理层级尽量控制在3个层级，即第一层级：总监及核心组长；第二层级：各专业监理工程师及安全监理工程师；第三层级：各执行员（监理员）。这样内部管理的跨度就会小，相关的责任主体才能明确，内部的横向与纵向沟通才能找到责任主体。

4.“安全风险管理无边界”的工作理念

专业、高效的岛链式联防联控工作模式下除了对人员有基本的素质、岗位责任要求外，高度统一的安全风险工作理念认知也是必不可少的。大型体育场馆项目群项目安全风险无所不在，时刻发生，有些专业系统风险产生的危害不可逆且巨大，例如索、膜结构的施工风险、钢结构屋盖的整体施工风险等。凡是能够第一时间识别与感知重大安全风险的存在，就必须高度重视，第一时间通知本专业组长，本专业组长可以越层级进行提醒、汇报相关风险，专业组第一时间进行处置。真正做到了联防联控，安全风险管理无边界。

5. 配套的安全风险管理机制落地

专业、高效的岛链式联防联控工作模式，应将安全风险管理工作机制有效融合到每个专业，例如良好沟通协调机制、风险管理应急与处置机制、安全风险奖惩机制等。实行安全风险管理责任田制是一个很好的补充，确保了责任的落地。即不同的专业、共性风险结合项目群形成责任田，在责任田范围内的风险责任核心组长是第一责任人，而安全组长、骨干专业监理工程师为第二责任人，责任进一步传递。

6. 培训与总结

安全风险思想的统一，良好的安全风险管理工作机制运行，靠宣贯与实践，而能坚持长久的办法是定期培训与总结，应该坚持每周一次定期培训与总结，形式可以多样，但是，前提必须是全员大会上重点强调，尤其是项目在土建结构、钢结构与幕墙、索膜与金属屋面、机电安装等阶段。

四、案例应用成果

（一）安全目标的达成

大型体育场馆项目群项目安全目标零伤亡，获得全国安全文明标化工地。

（二）内部专业成果

1. 现浇混凝土结构看台施工监理细则及控制要点总结。

2. 专业足球场钢屋架监理细则及控制要点总结。

3. 专业足球场索结构监理细则及控制要点总结。

4. 专业足球场膜结构监理细则及控制要点总结。

5. 综合体育馆高空整体累计滑移监理细则及控制要点总结。

6. 天赋俱乐部钢结构整体提升监理细则及控制要点总结。

7. 外立面金属幕墙吊装监理细则及控制要点总结。

8. 金属屋面监理细则及控制要点总结。

9. 体育工艺大屏、抖屏监理细则及控制要点总结。

10. 弧形管道高空整体提升监理细则及控制要点总结。

通过以上安全风险管理实效来看，该模式在大型体育场馆项目群项目的运用中，效果显著。

创新实施“一岗双责”，推动抽水蓄能电站安全管理

王波　吴建宏　袁自纯　侯延学

中国水利水电建设工程咨询北京有限公司

摘　要：近年来，工程建设发生的安全事故调查，监理被严厉追责已成为常态。监理机构作为监理单位派驻现场的一线机构，对安全管理负直接责任，承担着较大压力。中国水利水电咨询北京有限公司在金寨抽水蓄能电站安全管理实践中，大胆创新，开创了“一岗双责”的新形式、新路子，取得了较好效果。本文以金寨监理部实施“一岗双责”的成功经验为例，简述现场监理机构在安全管理工作中实现创新与发展。

关键字：一岗双责；安全监理；安全文化

一、抽水蓄能电站安全管理特点

安徽金寨抽水蓄能电站为一等大（1）型工程，电站枢纽主要由上水库、下水库、输水系统、地下厂房及开关站等建筑物组成，总装机容量为1200MW。电站为日调节纯抽水蓄能电站，建成后承担安徽电网调峰、填谷、调频、调相及紧急事故备用等任务。工程静态投资58.6亿，总投资75亿元。

抽水蓄能电站工程建设有以下特点：

1. 发电水头高，井深管径大，斜井、竖井等高危作业面多。

2. 地下洞室群埋藏深，输水系统战线长，施工通风和给水排水困难。

3. 地下洞室群密布，纵横交错、平竖斜相贯，交通调度、出渣、混凝土入仓难。

4. 多洞室同期建设，工作面多，相互干扰大，施工安全管理工作量大、难度大。

5. 高压岔管体型复杂，运行期间承受的水头大，成洞体型技术要求高。

6. 岔管采用高强钢800MPa钢板，焊接工艺标准高，是本工程难点之一。

7. 首次机电可逆机组，制造水平要求高，安装调试富有挑战性。

二、创新实施“一岗双责”

（一）正确理解“一岗双责”的精髓要义

知道了“一岗双责”，不等于做到了“一岗双责”。“一岗双责”提出后，各生产单位纷纷贯彻落实，然实施效果却不尽相同，有的口号喊得响，对“一岗双责”精髓要义的理解比较肤浅，采取的办法未切中其要害，实施效果有限；有的浮于表面，形式大于内容，甚至差得很远。要真正有效落实“一岗双责”，需抓住两个关键点：一是树立全员安全生产管理思想，一直以来，人们总是习惯性认为安全管理工作主要是安全生产管理部门和专职安全生产管理人员的事，其他生产管理部门和生产管理人员不管安全也无妨，久而久之，错误的思想意识主导着各级管理者，使他们忽视了安全管理这项本职工作，安全就真的成了少数人的事，安全事故的发生也就不可避免的了。

二是抓住现场作业这个关键环节，事故发生的直接原因一般是现场作业环节的安全管理出现了问题导致的，安全文件、资料无论做得如何完美，现场作业这个关键环节未抓住，事故依然不可避免。

金寨监理部实施“一岗双责”的办法，就是充分调动监理人员安全管理工作的积极性，落实全员安全生产责任制，紧紧盯住现场作业这个关键环节，将安全隐患消灭在萌芽状态，从而达到防止安全事故发生的目的。

（二）实施“一岗双责”的总体思路

坚持全员安全生产管理思想，以监理岗位划分为基础，建立岗位责任清单，制定计分规则，将监理人员对安全问题的发现、闭合、未发现、未闭合等情形转化为对应的分值，采用量化指标和积分制，结合激励与考核制度，对监理人员安全管理履职情况实施综合考评，进而达到预先发现隐患、消除隐患的目的，避免安全事故的发生。

（三）“一岗双责”实施办法

2017年3月，金寨监理部制定了“一岗双责”实施方案，内容为：

1. 成立监督实施小组

成立了以总监为组长、安全总监为副组长的“一岗双责”监督实施小组，安环组为监督体系，对所有监理人员“一岗双责”落实情况进行考评；安环组也为实施体系，其自身“一岗双责”落实情况由安全总监进行考评。其他部门均为实施体系。

2. 建立管理平台

建立专用的QQ群，要求全体监理人员加入其中，作为监理人员发布安全信息的平台，监理人员在现场检查过程中发现的安全问题、各种隐患及整改闭环情况，只有上传至该QQ群平台里，才能生效。安环组对平台内的信息及时进行审核，经识别为有效的信息，将被转录进入Excel统计台账，便于统计分析，根据计分规则，一条有效的信息对应一个分值。

3. 加分规则

监理发现问题并在QQ群发布的给予加分，督促整改后并将整改情况在QQ群发布的再次给予加分。加分项目分为15类：安全文明施工、反违章、警示标志、消防安全、职业健康等对应分值为0.2，脚手架、环水保、施工用电、施工机具、交通安全等对应分值为0.5，起重作业对应分值为1，特种设备对应分值为2，地质灾害、爆破作业等对应分值为5，重大事故隐患对应分值为10，详见表1。

4. 扣分规则

监督体系在巡视检查发现问题时，对相关责任监理进行扣分。扣分项目分为6类：未落实风险管控责任、现场隐患未发现的扣1分，隐患未整改闭环的扣2分，无方案施工且未制止、现场未执行方案、安全措施验收不负责的扣5分，详见表2。

5. 绩效考核规则

对“一岗双责”实施情况，每月统计汇总一次，每季度进行系统考核，考核根据不同部门、岗位采取差异化办法，考核等级分为优秀、良好、合格、不合格四级，比例依次为：优秀20%~25%，良好30%~35%，合格35%~40%，不合格0~5%。

监理人员年终综合绩效考核实行“一岗双责”一票否决制，“一岗双责”绩效考评达不到优、良及以上标准的，无年终评优资格。

考评不合格的监理人员，总监理工程师将对其约谈，“一岗双责”履职存在严重问题的监理人员，监理部将视问题严重程度，对其采取罚款、警告、劝退等措施。

6. 实施效果与评价

“一岗双责”自2017年4月实施以来的数据见图1（统计的是实施体系数据）：

分析以上数据，从季度环比数据看，隐患排查与隐患治理的绝对数量、

加分规则表　　表1

序号	类别	隐患排查加分（每项）	隐患整改加分（每项）
1	脚手架	0.5	0.5
2	安全文明施工	0.2	0.2
3	环水保	0.5	0.5
4	施工用电	0.5	0.5
5	反违章	0.2	0.2
6	施工机具	0.5	0.5
7	交通安全	0.5	0.5
8	警示标志	0.2	0.2
9	地质灾害	5	5
10	爆破作业	5	5
11	消防安全	0.2	0.2
12	职业健康	0.2	0.2
13	起重作业	1	1
14	特种设备	2	2
15	重大事故隐患	10	10

扣分规则表　　表2

序号	类别	扣分（每项）	说明
1	无方案施工且未制止	–5	口头制止不得作为制止的依据
2	现场未执行方案	–5	/
3	安全措施验收不负责	–5	签证数量与现场实际数量不一致时
4	未落实风险管控责任	–1	风险管控记录未及时签署或签署意见与现场实际情况不一致
5	隐患未整改闭环	–2	本人或监督实施小组发现的问题，未在要求整改限期内完成整改，且未督促施工单位办理延期手续的
6	现场隐患未发现	–1	现场存在安全通病或经监理部组织培训过的隐患，未及时发现并督促施工单位进行整改的

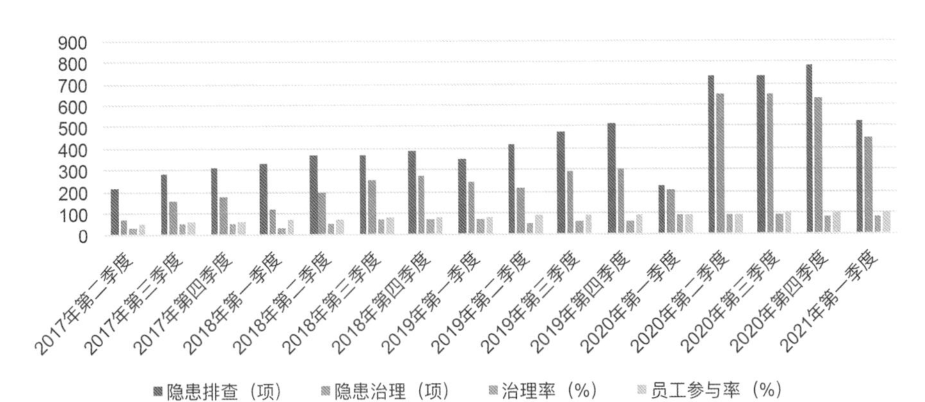

图1　季度数据统计图

治理率、员工参与率均总体呈逐渐升高趋势，说明全员安全管理思想逐渐形成，安全意识增强，安全管理履职的积极性逐渐提高，“一岗双责”正切实地被监理接受，这对安全管理工作极为有利。同时，因监理大力推动“一岗双责”，成功地唤醒了业主、承包商的“一岗双责”意识，带动了各参建单位共建安全的氛围。

现场作业过程中更多的问题被及时发现、治理，说明更多的隐患被消灭在萌芽状态，大大降低了隐患转化为事故的概率。

“一岗双责”办法可以对隐患进行分类整理分析，从中发现隐患发展的规律性，为后续安全管理工作提供思路和依据，使安全管理工作更加有的放矢，见表3。

金寨监理部实施“一岗双责”的创新办法，具有极强的可操作性，安全管理工作效果可以量化，并以此为基础对每个人的安全管理工作绩效进行科学评价，每个人的安全职责落实的广度、深度都可以相对客观地表示出来，克服了安全绩效考核中主观臆断带来的失公失正弊端。

隐患分类统计表　　　　**表3**

隐患类别	标段					合计
	C1标	C2标	EM3标	Q8标	/	
安全文明施工	98	119	70	26	313	
施工用电	121	98	36	0	255	
施工机具	46	71	15	6	138	
脚手架	76	34	37	0	147	
反违章	47	32	10	2	93	
交通安全	15	3	1	0	19	
警示标志	4	11	4	1	20	
危化品	10	14	7	1	29	
消防安全	20	23	2	3	48	
内业资料	3	18	6	10	37	
特种设备	10	2	3	0	15	
环水保	3	0	1	10	14	
职业健康	1	1	1	0	3	
起重作业	6	1	2	0	9	
合计	460	427	195	59	1140	

7. 问题答疑

“一岗双责”得以实施，建立在以下理论基础上，即发现的隐患越多→整改的隐患越多→事故发生的概率越小。在考虑建立“一岗双责”办法时，曾有这样的疑问：发现问题越多，说明安全管理越差，该问题如何解答？任何一个工地都蕴藏着大量的隐患，数量无法预计，没有上限，只是没有发现或主动暴露而已，“一岗双责”实施后更多的问题被暴露，提前发现问题、解决问题，有利于保障生产安全。

“一岗双责”实施过程中，要及时修正“走偏”现象。囿于个人安全意识高低、安全知识多寡、安全责任强弱、安全管理水平不同，在执行过程中，有的监理关注的问题更多的是表面、较为肤浅的安全问题，有的习惯关注重复发生的隐患，为了加分而反复操作，对于该问题，监督体系要及时提出，并对数据进行筛选，剔除不合理数据，最终数据应相对合理。

（四）“一岗双责”管理体系建设

“一岗双责”是不能独立存在的，要以安全文化为基础，以安全制度为保证，以安全人才为根本，建立完善的安全生产管理体系，方可达到预期效果。金寨监理部实施“一岗双责”的做法被多个工程引进采用，但实施效果均未达到预期，未能调动生产管理人员的积极性，原因就在于未能建立起适合自身特色的安全文化和安全制度体系，未能将培养安全人才作为重要内容。

1. 安全管理的文化建设

金寨监理部积极打造“一把手”重视的安全文化，率先垂范，身先士卒，总监的安全履职同样要接受安全总监的监督，是各项安全工作得以推行的关键，很多问题均迎刃而解，成功解决了一把手“口中重视、实际走过场”的行业“老大难”问题。

建设安全文化墙、荣誉墙，办各类安全专题板报，大力宣传安全知识，营造浓厚的安全氛围；利用“安全月”，开展丰富多彩的安全活动，助力推动安全；举办安全知识竞赛，激发监理安全意识和活力等。

2. 安全管理的制度建设

金寨监理部建立了安全管理四体系，即以总监为首的安全生产行政管理体系，主管土建与机电的副总监为首的安全生产实施体系，主管技术的副总监为首的安全生产技术支撑体系，主管安全的副总监为首的安全生产监督体系。建立覆盖全员的安全责任制，一岗一清单，每个岗位都有自身明确的安全监理职责。建立网格化，将施工现场划分为不同管理片区，每个片区明确安全生产监理的责任人。建立了系统的安全制度文件，定期修订，装订成册。安全工作机制化，针对安全具体工作建立各种工作机制，如安全例会机制、安全隐患排查机制、安全隐患闭环机制。

3. 安全管理的人才建设

金寨监理部建立“师带徒”组合，由安全总监、副总监，安环部主任，项目组长等当师傅，带新人，培养安全后继人才，薪火相传；培训学习常态化，每周组织安全知识培训，全员学习安全管理知识。

金寨监理部实施的安全文化、安全制度、安全人才建设计划，成功解决了“谁来管”——职责不清问题，“管什么”——任务不明问题，“怎么管”——管理手段问题，保证“一岗双责”真正落地、生根和发展。

三、对安全管理工作的思考

安全生产管理工作发展到今天，已逐步走上系统化、专业化、信息化发展轨道，“一岗双责”是一项系统性很高、专业化很强、信息化很新的综合业务，未来将更趋完善。基建安全智能管控系统、BIM 等新技术的应用将成为未来安全管理的主流模式。

《中国建设监理与咨询》征稿启事

《中国建设监理与咨询》是中国建设监理协会与中国建筑工业出版社合作出版的连续出版物，侧重于监理与咨询的理论探讨、政策研究、技术创新、学术研究和经验推介，为广大监理企业和从业者提供信息交流的平台，宣传推广优秀企业和项目。

一、栏目设置：政策法规、行业动态、人物专访、监理论坛、项目管理与咨询、创新与研究、企业文化、人才培养等。

二、投稿邮箱：zgjsjlxh@163.com，投稿时请务必注明联系电话和邮寄地址等内容。

三、投稿须知：

1. 来稿要求原创，主题明确、观点新颖、内容真实、论据可靠；图表规范、数据准确、文字简练通顺，层次清晰、标点符号规范。

2. 作者确保稿件的原创性，不一稿多投、不涉及保密、署名无争议，文责自负。本编辑部有权作内容层次、语言文字和编辑规范方面的删改。如不同意删改，请在投稿时特别说明。请作者自留底稿，恕不退稿。

3. 来稿按以下顺序表述：①题名；②作者（含合作者）姓名、单位；③摘要（300字以内）；④关键词（2~5个）；⑤正文；⑥参考文献。

4. 来稿以4000~6000字为宜，建议提供与文章内容相关的图片（JPG格式）。

5. 来稿经录用刊载后，即免费赠送作者当期《中国建设监理与咨询》一本。

本征稿启事长期有效，欢迎广大监理工作者和研究者积极投稿！

欢迎订阅《中国建设监理与咨询》

《中国建设监理与咨询》面向各级建设主管部门和监理企业的管理者和从业者，面向国内高校相关专业的专家学者和学生，以及其他关心我国监理事业改革和发展的人士。

《中国建设监理与咨询》内容主要包括监理相关法律法规及政策解读；监理企业管理发展经验介绍和人才培养等热点、难点问题研讨；各类工程项目管理经验交流；监理理论研究及前沿技术介绍等。

《中国建设监理与咨询》征订单回执（2022年）

<table>
<tr><td rowspan="3">订阅人信息</td><td>单位名称</td><td colspan="4"></td></tr>
<tr><td>详细地址</td><td colspan="2"></td><td>邮编</td><td></td></tr>
<tr><td>收件人</td><td colspan="2"></td><td>联系电话</td><td></td></tr>
<tr><td>出版物信息</td><td>全年（6）期</td><td>每期（35）元</td><td>全年（210）元/套
（含邮寄费用）</td><td>付款方式</td><td>银行汇款</td></tr>
<tr><td colspan="6">订阅信息</td></tr>
<tr><td colspan="6">订阅自2022年1月至2022年12月，__________套（共计6期/年）　　付款金额合计￥______________________元。</td></tr>
<tr><td colspan="6">发票信息</td></tr>
<tr><td colspan="6">□开具发票（电子发票由此地址 absbook@126.com 发出）
发票抬头：______________________纳税人识别号：______________________
发票类型：一般增值税发票
接收电子发票邮箱：</td></tr>
<tr><td colspan="6">付款方式：请汇至“中国建筑书店有限责任公司”</td></tr>
<tr><td colspan="6">银行汇款 □
户　名：中国建筑书店有限责任公司
开户行：中国建设银行北京甘家口支行
账　号：1100 1085 6000 5300 6825</td></tr>
</table>

备注：为便于我们更好地为您服务，以上资料请您详细填写。汇款时请注明征订《中国建设监理与咨询》并请将征订单回执与汇款底单一并传真或发邮件至中国建设监理协会信息部，传真 010-68346832，邮箱 zgjsjlxh@163.com。

联系人：中国建设监理协会　刘基建、王慧梅，电话：010-68346832

中国建筑工业出版社　焦阳，电话：010-58337250

中国建筑书店　王建国、赵淑琴，电话：010-68344573（发票咨询）

《中国建设监理与咨询》协办单位

北京市建设监理协会
会长：李伟

中国铁道工程建设协会
会长：麻京生

中国建设监理协会机械分会
会长：李明安

京兴国际工程管理有限公司
董事长：陈志平　总经理：李强

北京兴电国际工程管理有限公司
董事长兼总经理：张铁明

北京五环国际工程管理有限公司
总经理：汪成

中国水利水电建设工程咨询北京有限公司
总经理：孙晓博

鑫诚建设监理咨询有限公司
董事长：严弟勇　总经理：张国明

北京希达工程管理咨询有限公司
总经理：黄强

中船重工海鑫工程管理（北京）有限公司
总经理：姜艳秋

中咨工程管理咨询有限公司
总经理：鲁静

北京赛瑞斯国际工程咨询有限公司
总经理：曹雪松

中建卓越建设管理有限公司
董事长：邬敏

天津市建设监理协会
理事长：郑立鑫

河北省建筑市场发展研究会
会长：蒋满科

山西省建设监理协会
会长：苏锁成

山西省煤炭建设监理有限公司
总经理：苏锁成

北京方圆工程监理有限公司
董事长：李伟

北京建大京精大房工程管理有限公司
董事长、总经理：赵群

北京帕克国际工程咨询股份有限公司
董事长：胡海林

福建省工程监理与项目管理协会
会长：林俊敏

广西大通建设监理咨询管理有限公司
董事长：莫细喜　总经理：甘耀域

湖北长阳清江项目管理有限责任公司
执行董事：覃宁会　总经理：覃伟平

江苏国兴建设项目管理有限公司
董事长：肖云华

江西同济建设项目管理股份有限公司
总经理：何祥国

晋中市正元建设监理有限公司
执行董事：赵陆军

陕西中建西北工程监理有限责任公司
总经理：张宏利

临汾方圆建设监理有限公司
总经理：耿雪梅

吉林梦溪工程管理有限公司
总经理：张惠兵

山西安宇建设监理有限公司
董事长兼总经理：孔永安

大保建设管理有限公司
董事长：张建东　总经理：肖健

山西华太工程管理咨询有限公司
总经理：司志强

山西晋源昌盛建设项目管理有限公司
执行董事：魏亦红

上海振华工程咨询有限公司
总经理：梁耀嘉

上海市建设工程监理咨询有限公司
董事长兼总经理：龚花强

山西盛世天行工程项目管理有限公司
董事长：马海英

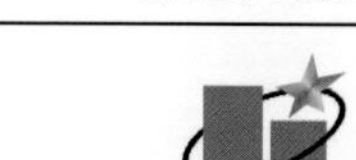

武汉星宇建设工程监理有限公司
董事长兼总经理：史铁平

山东胜利建设监理股份有限公司
董事长兼总经理：艾万发

山西亿鼎诚建设工程项目管理有限公司
董事长：贾宏铮

江苏建科建设监理有限公司
董事长：陈贵　总经理：吕所章

连云港市建设监理有限公司
董事长兼总经理：谢永庆

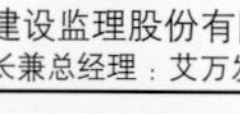

山西卓越建设工程管理有限公司
总经理：张广斌

陕西华茂建设监理咨询有限公司
董事长：阎平

安徽省建设监理协会
会长：苗一平

合肥工大建设监理有限责任公司
总经理：王章虎

浙江江南工程管理股份有限公司
董事长总经理：李建军

苏州市建设监理协会
会长：蔡东星　秘书长：翟东升

浙江嘉宇工程管理有限公司
董事长：张建　总经理：卢甬

浙江求是工程咨询监理有限公司
董事长：晏海军

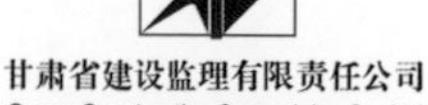

甘肃省建设监理有限责任公司
董事长：魏和中

福州市建设监理协会
理事长：饶舜

厦门海投建设咨询有限公司
党总支书记、执行董事、法定代表人兼总经理：蔡元发

《中国建设监理与咨询》协办单位

上海振华工程咨询有限公司

上海振华工程咨询有限公司是中船第九设计研究院工程有限公司全资子公司，其前身是成立于1987年的上海振华工程咨询公司和成立于1998年的上海振华工程监理有限公司于2011年合并成立的，是国家建设部1993年批准认定的全国首批具有甲级资质的建设监理单位之一。也是中国建设监理协会常务理事单位、中国建设监理协会船舶分会会长单位。

公司具有工程建设监理甲级资质（包括房屋建筑工程、港口与航道工程、市政公用工程、机电安装工程）、工程设备监理甲级资质、人防工程监理乙级资质，可以开展相应类别建设工程的施工监理、项目管理、招标代理等业务，可以在国内外跨地区、跨部门承接工程。

公司于2000年通过质量管理体系认证GB/T 19001，2012年通过质量、环境、职业健康安全三合一管理体系认证GB/T 19001、GB/T 24001、GB/T 28001，并具有上海质量体系审核中心、美国“ANAB”、荷兰“RVA”管理体系认证证书。公司参加建设工程监理责任保险。

公司骨干员工均来自中船第九设计研究院工程有限公司（国内最具规模的综合设计研究院之一和全国设计百强单位之一），技术力量雄厚，专业门类齐全，其中研究员3人，高级工程师20人，获得国家各类执业资格注册工程师105人。

公司于1995年、1999年、2004年连续三次被评为“全国先进工程建设监理单位”，于2008年被评为“中国建设监理创新发展20年工程监理先进企业”，于2012年获“2011—2012年度中国工程监理行业先进工程监理企业”，1人被评为“中国工程监理大师”，4人被评为“全国优秀总监”。

公司先后承接了众多的国家和国防军工、上海市的重大和重点工程，形成了“专业门类齐全、综合能力强；专业人员层次高、技术力量雄厚；技术装备齐全、监测手段强；工作人员作风严谨、监管到位”的特色，对工程既监又帮，众多工程分别获得国家“银质奖”“鲁班奖”“全国市政工程金杯奖”“全国装饰奖”“全国金钢奖”“军队优质工程一等奖”，上海市“白玉兰奖”“市政工程金杯奖”“申港杯”等，深受广大用户的信任和支持，在社会上享有较高声誉。

公司一贯讲究信誉，信守合同，始终恪守“遵循科学、规范、严谨、公正的原则，精心策划，追求卓越，保护环境，健康安全，为顾客提供满足要求的优质技术服务”的企业宗旨，愿为广大客户做出更多贡献。

上海外高桥造船有限公司项目

上海世博会船舶馆

长兴造船基地码头工程

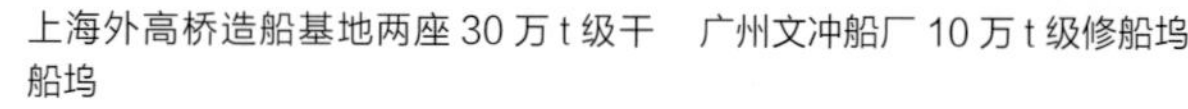

上海外高桥造船基地两座30万t级干船坞

广州文冲船厂10万t级修船坞

解放军总医院海南分院

上海大华清水湾高层住宅区

南极中山站高空观测栋

国际航运大厦

展讯二期国家鲁班奖

新疆昆仑工程咨询管理集团有限公司

新疆昆仑工程咨询管理集团有限公司是一家全资国有企业，隶属于新疆生产建设兵团第十一师、新疆建咨集团有限公司。原名“新疆昆仑工程监理有限责任公司”，成立于1988年，历经33年的奋斗，两次荣登监理企业百强排行榜。2019年4月30日更名为新疆昆仑工程咨询管理集团有限公司（以下简称“昆仑工程咨询管理集团”），昆仑工程咨询管理集团融合了工程监理、工程设计、工程造价和工程招标代理四大板块。

昆仑工程咨询管理集团现拥22项资质，其中工程监理综合资质、人民防空工程监理资质甲级、公路工程监理资质甲级、水利工程施工监理甲级、水土保持监理乙级、水利工程建设环境保护监理资质、信息系统工程监理资质乙级、文物保护工程监理资质乙级等8项工程监理资质；建筑工程甲级、工程咨询甲级、市政工程（给水、排水、热力、道路）设计专业乙级、工程勘察乙级、城市规划设计乙级、风景园林工程设计乙级、电力行业送电、变电工程设计专业丙级、水利（灌溉排涝）设计丙级等12项工程设计资质；工程造价咨询甲级及工程招标代理机构甲级。

昆仑工程咨询管理集团经营范围包括：建设工程项目监理及咨询、工程总承包、工程咨询、建筑工程设计、市政工程设计、水利水电工程设计、岩土工程勘察、城市规划编制、开发建设项目水土保持方案编制、风景园林工程设计、公路设计、旅游规划设计、工程造价咨询、工程招标代理、政府采购代理、安全技术评估等。

昆仑工程咨询管理集团现拥有职工1500人，其中大专以上学历占90%，高、中级职称占62%，各类国家注册工程师350人，总计475人。专业领域涉及工民建、市政、冶炼、电力、水利、环保、水土保持、路桥、信息系统、造价、安全、电气、暖通、机械等30余项，形成了一支专业配备齐全、年龄结构科学合理的高智能、高素质的工程技术人才队伍。

昆仑工程咨询管理集团技术力量雄厚，并以严格管理、热情服务赢得了顾客的认可和尊重，在业内拥有极佳的口碑。公司监理的项目中，8项工程荣获中国建筑行业工程质量最高荣营——“鲁班奖”；2项“詹天佑奖”；4项国家优质结构奖；百余项工程荣获省级优质工程——“天山奖”“昆仑杯”“市政优质工程奖”；7次荣获“全国先进建设监理单位”称号、“全国招标代理机构诚信先进单位”、荣获“共创鲁班奖先进监理企业”“中国建筑业工程监理综合实力领军品牌100强”“全国文明单位”“全国安康杯竞赛优胜企业”“自治区优秀工程勘察设计奖”“造价咨询企业先进单位”“乌鲁木齐市优秀住宅工程设计奖”“勘察设计先进单位”“造价行业自律诚信建设先进会员单位”“自治区建设工程招标代理行业优秀企业”“新疆维吾尔自治区勘察设计行业20强单位”“兵团屯垦戍边劳动奖”等多项荣誉称号。

一直以来，昆仑人本着“自强自立、至真至诚、团结奉献、务实创新”的精神实质，向业主提供优质的工程咨询服务，昆仑企业正朝着造就具有深刻内涵的品牌化、规模化、多元化、国际化的全过程工程咨询管理企业方向发展。

年产 100 万 t 铝材三系列电解铝一区生产线

国道 318 线遂宁市城市过境段改线工程涪江

山西平鲁 15MW 光伏电厂

水清木华精品住宅

乌鲁木齐 T3 航站楼

新疆大剧院

文化中心

建咨大厦

乌鲁木齐奥体中心

策勒县政府信息化建设

维泰大厦

会展中心

资质证书（综合正本）

嘉兴火车站广场及站房区域改扩建项目

南湖实验室新建项目一期工程

嘉兴市南湖湖滨区域改造提升工程

嘉兴市域外配水市区分质供水工程（水厂部分）一期工程

嘉兴市市区快速路环线工程（二期）土建标段

嘉兴月河一下沉广场一嘉兴市望吴门地下人防工程

诸暨大剧院

农金大厦（"鲁班奖"项目）

南湖大道沿线景观提升工程

南湖国际俱乐部酒店

云澜湾温泉国际建设工程

浙江嘉宇工程管理有限公司

浙江嘉宇工程管理有限公司，是一家具有工程监理综合资质，集全过程工程咨询、工程监理、项目管理和代建、BIM 技术、设计优化、招标代理、造价咨询和审计等为一体，专业配套齐全的综合性工程项目管理公司。它源于 1996 年 9 月成立的嘉兴市工程建设监理事务所（市建设局直属国有企业），2000 年 11 月经市体改委和市建设局同意改制成股份制企业嘉兴市建工监理有限公司，后更名为浙江嘉宇工程管理有限公司。25 年来，公司一直秉承"诚信为本、责任为重"的经营宗旨和"信誉第一、优质服务"的从业精神。

经过 25 年的奋进开拓，公司具备住房和城乡建设部工程监理综合资质（可承担住房和城乡建设部所有专业工程类别建设工程项目的工程监理任务）、人防工程监理甲级资质、工程咨询甲级、造价咨询乙级、文物保护工程监理资质、综合类代建资质等，并于 2001 年率先通过质量管理、环境管理、职业健康安全管理三体系认证。

优质的人才队伍是优质项目的最好保证，公司坚持以人为本的发展方略，经过二十五年发展，公司旗下集聚了一批富有创新精神的专业人才，现拥有建筑、结构、给排水、强弱电、暖通、机械安装等各类专业高、中级技术人员 500 余名，其中注册监理工程师 137 名，注册造价、咨询、一级建造师、安全工程师、设备工程师、防护工程师等 90 余名，省级监理工程师和人防监理工程师 136 名，可为市场与客户提供多层次全方位精准的专业化管理服务。

公司不仅具备管理与监理各项重点工程和复杂工程的技术实力，而且还具备承接建筑技术咨询、造价咨询管理、工程代建、招标投标代理、项目管理等多项咨询与管理的综合服务能力，是嘉兴地区唯一一家省级全过程工程咨询试点企业。业务遍布省内外多个地区，25 年来，嘉宇公司已承接各类工程千余项，相继获得国家级、省级、市级优质工程奖百余项，由嘉宇公司承监的诸多工程早已成为嘉兴的地标建筑。卓越的工程业绩和口碑获得了省市各级政府和主管部门的认可，2009 年来连续多年被浙江省工商行政管理局认定为"浙江省守合同重信用 AAA 级企业"；2010 年来连续多年被浙江省工商行政管理局认定为"浙江省信用管理示范企业"；"嘉宇"商标和品牌先后被认定为"浙江省著名商标""浙江省名牌产品""浙江省知名商号"；2007 年以来被省市级主管部门及行业协会授予"浙江省优秀监理企业""嘉兴市先进监理企业"，并先后被省市级主管部门授予"浙江省诚信民营企业""嘉兴市建筑业诚信企业""嘉兴市建筑业标杆企业""嘉兴市最具社会责任感企业"等称号。

嘉宇公司通过推进高新技术和先进的管理制度，不断提高核心竞争力，本着"严格监控、优质服务、公正科学、务实高效"的质量方针和"工程合格率百分之百、合同履行率百分之百、投诉处理率百分之百"的管理目标，围绕成为提供工程项目全过程管理及监理服务的一流服务商，嘉宇公司始终坚持"因您而动"的服务理念，不断完善服务功能，提高客户的满意度。

地　　址：嘉兴市会展路 207 号嘉宇商务楼
邮　　箱：zjjygcgl@sina.com
网　　址：www.jygcgl.cn
联系电话：经 管 部：（0573）83971111　82060258
办 公 室：（0573）82097146　83378385
质 安 部：（0573）83387225　83917759
财 务 部：（0573）82062658　83917757
传　　真：（0573）82063178
邮政编码：314050

运城市金苑工程监理有限公司

运城市金苑工程监理有限公司成立于1998年11月，是运城市最早成立的工程监理企业，公司现具有房屋建筑工程、市政公用工程监理甲级资质、工程造价咨询乙级资质及招标代理资质。并通过ISO9001质量管理体系认证。

公司人力资源丰富，技术力量雄厚，拥有一批具有一定知名度，实践经验丰富，高素质的专业技术团队，注册监理工程师、注册造价师、注册建造师、会计师共38人。公司机构设置合理，专业人员配套，组织体系严谨，管理制度完善。

金苑人用自己的辛勤汗水和高度敬业的精神，赢得了社会的认可和赞誉，公司共完成房屋建筑及市政工程监理项目千余项，工程建设总投资约200亿元，工程质量合格率达100%。造价咨询项目100余个，总投资约4.5亿。永济舜都文化中心荣获国家优质工程奖、运城市数字传媒中心幕墙工程荣获中国建筑装饰协会颁发的中国建筑工程装饰奖。市卫校附属医院、市邮政生产综合楼、农行运城分行培训中心、运城学院盐湖校区图文信息中心、八一湖大桥工程、运城市工农街跨解放路高架桥等11项工程荣获山西省建筑工程“汾水杯”质量奖。运城市中心医院新院医疗综合楼、山西省永济监狱1号、2号监舍、综合管教楼等20余项省优工程和结构优良工程。连续多年被山西省监理协会评为“山西省工程监理先进单位”和省协会通联工作先进单位，2008年跃居“三晋工程监理二十强”企业，陈续亮同志被授予“三晋工程监理大师”光荣称号。

公司全体职员遵循“公平、独立、诚信、科学”的执业准则，时刻牢记“严格监理、热情服务、履行承诺、质量第一”的宗旨，竭诚为用户提供一流的服务，将一个个精品工程奉献给社会。在运城监理业界取得了多项第一，铸就了运城监理业界第一品牌，赢得了业主和社会各界的广泛赞扬。《运城广播电视台》《运城日报》《黄河晨报》《山西商报》《山西监理》《中国建设监理》等新闻媒体与刊物曾以各种形式对公司的发展历程和辉煌业绩予以报道。

企业文化是精髓，是灵魂。为弘扬企业精神，追求完美，增强凝聚力，公司多次组织书法摄影大赛、读书有奖征文、外出参观学习、旅游及文娱体育活动，出版《金苑监理》130余期，还有《金苑监理一路歌》《金苑公司大事记》。公司建立了网站、QQ群、微信群，方便信息传达，进行各种文化、技术、学术交流，有力促进了企业的发展。

开拓发展，增强社会信誉，与时俱进，提升企业品牌。在构建和谐社会和落实科学发展观的新形势下，面对机遇和挑战，公司全体职员不忘初心，砥砺前行，将金苑监理的品牌唱响三晋大地！

地　址：运城市河东东街学府嘉园星座一单元201室
电　话：0359——2281585
传　真：0359—2281586
邮　箱：ycjyjl@126.com
网　址：www.ycjyjl.com

三晋监理企业二十强

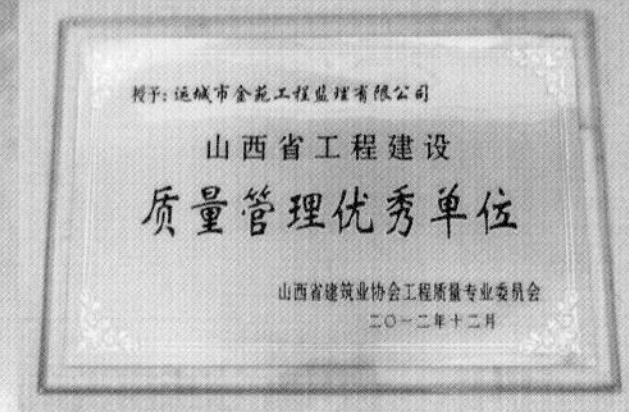

质量管理优秀单位

董事长兼总经理卢尚武

三晋监理大师陈续亮

运城市数字传媒中心（获国家优质工程奖）

五千年文化看运城舜帝陵广场

庆祝大会会标

凤凰谷森林公园

庆祝金苑二十华诞合影

永济舜都文化中心（获国家优质工程奖）

运城学院图文信息大楼（汾水杯）

河津北城公园

三亚凤凰岛国际养生度假中心

杭州之江文化中心

浙商钱江世纪城总部大楼

海口国际免税城

深圳新华医院

深圳歌剧院

菜鸟供应链总部园区

衢州体育中心

西湖大学

鹏城实验室石壁龙园区一期建设工程全过程工程咨询

浙江江南工程管理股份有限公司

浙江江南工程管理股份有限公司是一家集团化、综合性的大型工程咨询企业，成立于1985年，原为国家电子工业部直属骨干企业，专为国家重点工程建设项目提供全过程、专业化总承包服务，被住房和城乡建设部授予“八五”期间全国工程建设管理先进单位。

员工4000余人，其中各类国家级注册人员1500多人，拥有注册人员数量位居行业第一位。公司下设造价咨询公司、建筑设计院等子公司，目前拥有工程监理、工程咨询、造价咨询、人防监理、水利工程监理、设备监理、工程设计等覆盖工程建设管理全价值链最高等级资质，能够为房建、市政、水利、交通、能源、铁路等各个领域业主提供项目前期咨询、设计管理、造价咨询、招标采购、工程监理、工程项目管理及代建、全过程工程咨询等分阶段、菜单式、全过程的专业咨询服务。

集团业务范围覆盖20多个省，200多地市级以上城市及12个外海国家，共设立32家分公司，年完成工程投资额2000多亿元。35年来，累计获得60多项中国建设工程鲁班奖，150多项詹天佑奖、国家优质工程奖、中国钢结构金奖、国家市政金杯奖、水利工程大禹奖等国家级奖项，被住建部授予“全国工程质量安全管理优秀企业”，先后被浙江、山西等省级人民政府授予重点工程建设先进单位。凭借良好的企业信誉，公司被国家市场监督管理总局列为“全国守合同重信用单位”，连续10多年被评为国家优秀监理企业，连续多年企业综合实力位居行业第二位。连续10多年被评为国家级优秀工程咨询企业，企业综合实力位居行业前三。

为加强人才培养与技术研发，集团2005年设立江南管理学院，开创同行业自主创办大学的先河，为企业快速发展输出了大批优秀人才，同时设立江南研究院，下辖十二大技术研究中心、博士后工作站和院士工作站，组织开展各类型研发工作，结合BIM、云计算等新技术，从工程建设各个层次与维度开展大数据处理，探索工程建设实施及管理规律，为客户提供具有系统性、前瞻性及良好参与体验的工程管理服务，实现多方共赢，成果丰硕，2016年被列为国家高新技术企业。

展望未来，江南管理有信心汇聚全体工程专业人才的智慧与创造力，创新服务模式，加快企业转型升级，为客户提供系统完善、可持续发展的工程建设实施方案，以实际行动为中国工程咨询行业未来发展树立标杆，成为项目综合性开发领域的管理先行企业，倾力打造“诚信江南、品质江南、百年江南”。

浙江求是工程咨询监理有限公司

浙江求是工程咨询监理有限公司是一家专业从事建筑服务的企业，致力于为社会提供全过程工程咨询、工程项目管理、工程监理、工程招标代理、工程造价咨询、工程咨询、政府采购、BIM 咨询等大型综合性建筑服务。公司是全国咨询监理行业百强企业、国家高新技术企业、杭州市级文明单位、西湖区重点骨干企业，拥有国家、省、市各类优秀企业荣誉。公司具有工程监理综合资质、工程招标代理甲级资质、工程造价咨询甲级资质、工程咨询甲级资质、人防工程监理甲级资质、水利工程监理等资质。

公司作为浙江省及杭州市第一批全过程工程咨询试点企业，在综合体、市政建设（隧道工程、综合管廊）、大型场（展）馆、农林、医院等领域，具备全过程工程咨询服务能力，相关咨询服务团队达到 600 余人，专业岗位技术人员 1300 余人，已成为全过程工程咨询行业的主力军。

公司一直重视人才梯队化培养，依托求是管理学院构筑和完善培训管理体系。开展企业员工培训、人才技能提升、中层管理后备人才培养等多层次培训机制，积极拓展校企合作、强化外部培训的交流与合作，提升企业核心竞争力。公司通过“求是智慧管理平台”进行信息化管理，实现工程管理数据化，业务流程化，工作标准化。

近年来，浙江求是工程咨询监理有限公司已承接咨询、监理项目达 5000 余个，其中全过程工程咨询项目 100 余个，广泛分布于浙江省各地、市及安徽、江苏、江西、贵州、四川、河南、湖南、湖北、海南等，荣获国家、省、市（地）级各类优质工程奖 500 余个。一直以来得到了行业主管部门、各级质（安）监部门、业主及各参建方的广泛好评。

浙江求是咨询将继续提升企业管理标准化水平，创新管理模式，用实际行动践行“求是咨询 社会放心”的使命，为客户创造更多的求是服务价值。

地　址：杭州市西湖区西溪世纪中心 3 号楼 13 层
电　话：0571-81110603
传　真：0571-89731194
网　址：http：//www.zjqiushi.cn

杭州市富春湾大道二期工程全过程工程咨询服务

衢州市文化艺术中心和便民服务中心全过程工程咨询服务

衢州市高铁新城地下综合管廊建设工程全过程工程咨询服务

华夏航空（衢州）国际飞行培训学校建设全过程工程咨询服务

衢州市九华大道隧道项目（二期）全过程工程咨询服务

衢州市高铁新城智慧产业园（电子科技大学实验学校五期、六期）全过程工程咨询服务

亚运会棒（垒）球体育文化中心全过程工程咨询服务

衢州市鹿鸣半岛时尚文化创业园建设全过程工程咨询服务

COP15 生物多样性大会园区配套基础设施建设项目

“梅里雪山景区规划暨建议方案“荣获 2020 云南省文化和旅游规划设计优秀奖

保山中心城市地下综合管廊工程沙丙路段

白鹤滩水电站东川区移民安置工程

昆明呈贡新城会议中心项目荣获国家“鲁班奖”

石安公路

新翠湖宾馆 —— 云南唯一“福布斯中国最优商务酒店”，荣获国家“鲁班奖”

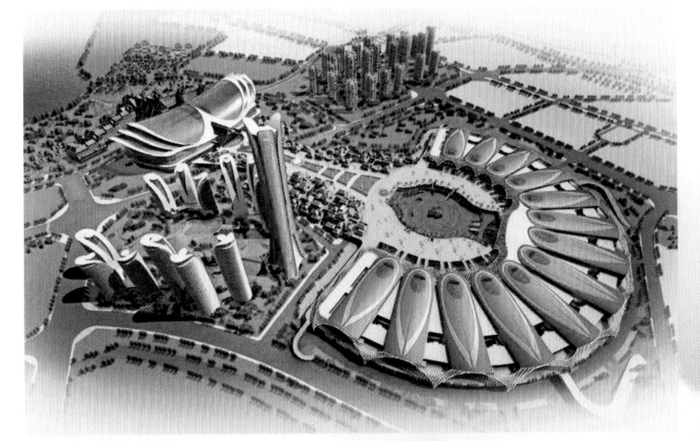

规模位列全国第三、西南地区第一，且为云南省率先将 BIM 技术和节点法项目管理软件运用应用于建设过程管理的项目——“滇池国际会展中心”

滇中新区空港商务广场配套公园及地下空间开发项目

雄安新区容西片区安置房及配套设施项目

云南城市建设工程咨询有限公司

云南城市建设工程咨询有限公司（以下简称“YMCC”）于 1993 年成立，是全国文明单位、全国建设系统先进集体、国家高新技术企业、云南省首批“建设工程监理”“建设工程项目管理”试点单位。

YMCC 具有国家多部委颁发的工程监理综合资质、建设工程项目管理资质（原）、工程造价咨询甲级资质（原）、工程咨询甲级资信、工程招标代理资格（原工程招标代理甲级资质）、政府采购资格（原政府采购甲级资质）、城乡规划、工程设计资质、施工图审查机构资格、基金管理人资格、房地产开发（代建）资质、工程检测资质、建设工程司法鉴定资质等。YMCC 可承接全过程工程咨询、项目管理、项目代建、工程总承包（EPC）、城市更新、乡村振兴、项目策划、城乡规划、项目融资咨询、绿色低碳建筑咨询、投资决策咨询、招标（政府）采购、工程设计、施工图审查、设计优化、工程造价咨询、工程监理、工程检测、工程保险咨询、信息技术咨询、工程风险咨询、工程评价（估）咨询等各类业务，可为客户提供建设全过程、组合式、多元化、专业化、专属定制式工程咨询服务，是一家全牌照、综合型、集团化的工程咨询服务商。

YMCC 是“云南省建设监理协会”组建的发起人，历任云南省建设监理协会理事、常务理事、秘书长、副会长、会长单位；现任中国建设监理协会理事单位，中国勘察设计协会施工图审查分会理事单位，云南省勘察设计质量协会 BIM 工作委员会副主任单位，云南省建设监理协会、云南省项目管理协会、云南省建设工程招标投标行业协会副会长单位，云南省建筑业协会常务理事单位，云南省工程咨询协会理事单位，云南省建设工程造价管理协会、云南省企业联合会会员单位，云南省勘察设计协会会员单位，云南省认证认可协会理事会员单位，云南省工程检测协会会员单位，云南省建设工会委员会、云南省住房城乡建设厅机关妇女工作委员会委员单位。

YMCC 作为专业化从事工程项目全过程、全方位工程咨询服务的知名企业，先后荣膺“全国文明单位”“全国建设系统先进集体”“国家高新企业”“国家科技型中小企业”“全国招标代理机构诚信创优 AAA 企业”“中国建设监理协会诚信评价云南省第三”“中国工商银行客户信用 AA 级企业”等称号，连续多年获得“重合同守信用”企业，“云南省建筑业发展重点骨干企业”“建筑业百强企业”“建筑业发展突出贡献奖”“先进工程建设监理企业”“AAAAA 级信用企业”“安排残疾人就业工作先进单位”“工人先锋号企业”“建设工会委员会先进单位”“纳税先进企业”“先进基层党组织”“昆明市名牌企业”“云南省质量走廊示范单位”等国家、省、市级奖励及荣誉称号近 500 余项。

YMCC 通过了 ISO9001 国际质量管理体系认证，ISO14001 环境管理体系认证，ISO45001 职业健康安全管理体系认证；建立了企业门户网站、绿色办公 OA 通道；开发了企业运营管理的九大管理信息业务系统；自主研发了用于企业各类业务的信息管理平台（如投资咨询、项目管理、招标代理、造价咨询、工程监理等业务）和用于现场管理的质量安全评测评价及评测系统等信息管理平台（系统）共计 32 个，全部平台（系统）已取得国家“软件著作权”；引进了节点法业主管理系统、节点法监理业务管理系统、BIM 等管理软件，有效地整合及优化各类信息化管理平台，提高管理信息化、业务信息化管理水平，为企业业务品质的保证提供了科学、高效的管理手段。

YMCC 立足当前与长远的发展，不断加强人才开发与培养，人员资源专业配备齐全，年龄结构合理，拥有一批学历层次高、工作能力强的技术型、复合型、创新型高素质人才队伍。拥有国家注册咨询工程师（投资）、注册建筑师、注册结构师、注册监理工程师、注册造价工程师、注册建造师、注册设备监理工程师、注册安全工程师、信息系统监理工程师、项目管理师、招标师、采购师、节能减排评估师、注册会计师、基金从业资格人员等。经企业推荐，员工分别被国家及省级政府部门、各级行业协会推选为国家建设工程企业资质评审专家库专家、监理与项目管理战略发展专家委员会专家库专家；省国资委省属企业投资项目评审专家；省住房城乡建设厅建设工程综合专家库专家、房屋市政工程危险性较大的分部分项工程专家库专家、建设工程监理专家委员会专家、建筑工程质量等级评定专家委员会专家、建筑结构与地基工程专家组专家、城市更新专家、乡村振兴专家、保障性租赁住房专家；省、市建筑工程评标专家；省财政厅 PPP 专家、外国政府贷款项目管理专家；省审计厅审计专家；昆明市企业升级评审专家以及云南知名高校客座教授、研究生导师。企业员工分别被授予“优秀党务工作者、优秀共产党员”“全国劳动模范”、国家及省级“优秀总监、专监”“建筑业发展突出贡献个人”“建设监理发展特殊贡献个人”“和谐家庭”等荣誉称号等。正是这样一群高素质、高技能的精英团队，让企业实力倍增。

“技术创造价值、品牌铸就基业”是 YMCC 的核心价值观。YMCC 组建了“云咨智库”的智囊机构，智库成员主要为建设行业及相关领域的国内外首席专家、知名顾问、顶级达人，涉及工程咨询、金融、财务、法律、教育科研等行业领域，在工程建设领域具有权威性的风险评估、控制能力，并与国内外大型知名工程咨询企业、律师事务所、审计单位、行业协会保持着良好的战略合作关系；同国内知名院校共同建立了“实习基地”“研发基地”。

YMCC 通过近 30 年的发展，承担了 5000 多个各类工程咨询项目，参与了众多国家、省市重点工程项目和标志性工程的工程咨询工作，所完成的项目先后获得国家颁发的“鲁班奖”、市政“金杯奖”、人居环境奖、金质钢结构奖、优质工程奖等，同时还获得省、市级政府颁发及授予的优质奖、“春城杯”“平安工地”“文明工地”等奖项殊荣。YMCC 在行业内获得了优秀的声誉，在客户中建立了良好的口碑，在市场中树立了优质的品牌。

“业内领先，百年城建”是 YMCC 的愿景，我们将继续坚持以安全质量、创新发展为主线，做好业务创新、市场创新、技术创新、组织创新，继续推进企业全面升级，保持企业可持续发展动力，实现企业的差异化发展。打造共享城建、信用城建、标准城建，推动企业的高质量发展，将 YMCC 发展成为多元化、多层次、多领域的综合型工程咨询集团企业。

地　址：云南省昆明市西山区日新中路 620 号润城第一大道 2 栋 26 楼
人力资源部：0871-64107830
经营业务发展部：0871-64199068
监察室：0871-64158678 转 677
微信公众号：ymece1993
网　址：http://www.ynmcs.com

北京方圆工程监理有限公司

北京方圆工程监理有限公司是全国工程监理工作试点单位，是北京市最早注册成立监理单位之一，注册资本1000万元，1993年获得国家首批监理甲级资质，1999年首批完成国有企业改制。公司是全国先进监理单位、北京市优秀监理单位、北京市监理协会会长单位、中国建设监理协会常务理事单位和中国土木工程学会理事单位。通过ISO9001：2008的质量管理体系、ISO14001：2004的环境管理体系、GB/T 28001—2011的职业健康安全管理体系认证。目前公司拥有房屋建筑工程监理甲级、市政公用工程监理甲级、机电安装工程监理乙级、电力工程监理乙级、农林工程监理乙级、人民防空工程建设监理资质和招标代理甲级资质。

公司主营业务包含工程监理、项目管理、招标代理、建筑工程技术咨询等专业服务。业绩涵盖大型公用建筑、集中开发的住宅小区、工业厂房、能源设施、电力设施、铁路设施、城市轨道、市政园林等领域，项目遍布全国近30个省市、自治区、直辖市，海外事业部遍及英国、汤加、格鲁吉亚、哈萨克斯坦、乌兹别克斯坦、吉布提等亚洲、欧洲、大洋洲和非洲10余个国家。先后完成各类型工程项目的监理工作2500余项，完成总建筑面积近1.5亿m^2；完成工程项目管理项目30余项，招标代理300余项，造价咨询160余项。承接监理工程荣获“鲁班奖”3项，国家优质工程奖8项，其他国家级奖励10项，省部级奖励200余项，并获得北京市科技咨询先进单位，“重合同守信用”单位等荣誉称号。

公司以北京市建筑工程研究院为依托，具有得天独厚的人力资源优势，重视人才的引进和培养。公司目前拥有职工600余人，其中国家注册监理工程师74人，一级建造师18人，注册造价工程师7人，注册安全工程师6人，注册咨询师7人，注册公用设备工程师1人，中级及以上职称者400余人，硕士学位以上员工10余名。公司董事长兼总经理李伟，持有教授级高级工程师技术职称，荣获中国监理大师称号。同时，公司注重总结和提高，充分发挥自身人才优势，增加监理工作的科技含量，先后在70多项大型项目中提出具有国内领先水平的合理化建议，助力建设单位节约成本，取得了良好的经济效益和社会效益。公司员工先后主编和参编专业著作20余册，先后发表论文60余篇，并参与多项科研课题和监理理论的研究工作，为推动建设监理制的发展做出了贡献。

公司拥有强大的专家组和BIM技术团队。专家组由公司创始人全国监理大师魏镜宇牵头，集结公司专家、研究院专家及社会知名专家，在设计优化和设计管理、施工等关键环节提供强有力的技术支撑。BIM研究所由我司青年建筑结构设计专家牵头，汇集各专业优秀人才，团队成员20余人。目前BIM技术已成功应用于多个项目，在图纸会审、各专业错漏碰撞、管线综合、市政园林管线排布等方面为建设单位提供了大量优化意见，在控制设计变更、节约建设资金等方面发挥了巨大的作用。

30年来，北京方圆工程监理有限公司秉承“科学、诚信、守法、公正”的理念，坚持“不求最大，只求最强，精耕细作，做就做好”的宗旨，稳扎稳打，善作善成，坚持以人才和品牌作为企业发展的战略资源和核心竞争力，不断优化人才队伍，提升专业技术水平和服务能力，为建设单位提供高效、优质的超值服务，为我国的建设事业贡献力量。

江西九江快速路（市政）

苏州丰隆城市中心（超高层）

国家知识产权局（公建）

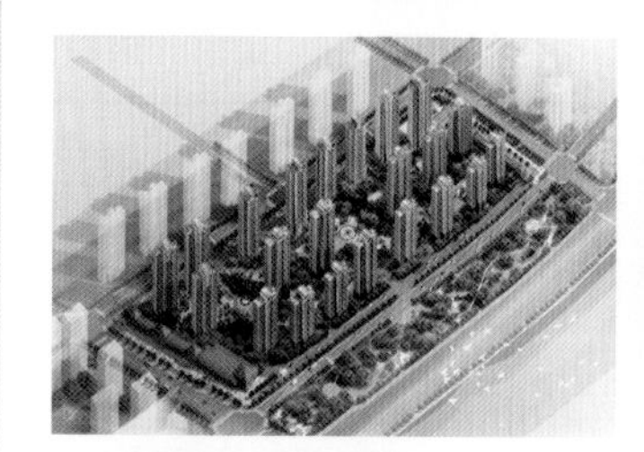

天津象博豪庭（被动房）

石景山区银河商务区（城市综合体）

小汤山医院改扩建项目（抢险工程）

姚家园新村（住宅）

顺义航天产业园信息技术产业基地（工业厂房）

黄冈垂直森林城市（钢结构）

2020 年 9 月 26 日研究会三届八次会长办公会

2020 年 9 月 26 日在唐山考察观摩项目现场

2020 年 12 月 22 日召开监理企业信息化管理与智慧化服务经验交流会

2020 年 12 月 23 日研究会三届九次会长办公会

2021 年 5 月 28 日考察观摩河北鸿泰融新工程项目咨询股份有限公司

2021 年 5 月 28 日河北省建设监理行业高质量发展座谈会

中国社会组织评估等级
CHINA SOCIAL ORGANIZATION EVALUATION GRADE
AAA
河北省民政厅
DEPARTMENT OF CIVIL AFFAIRS OF HEBEI PROVINCE

2018 年社会组织评估 3A 等级

2021 年 6 月 18 日组织“缅怀革命英烈，传承红色基因”党史学习教育活动

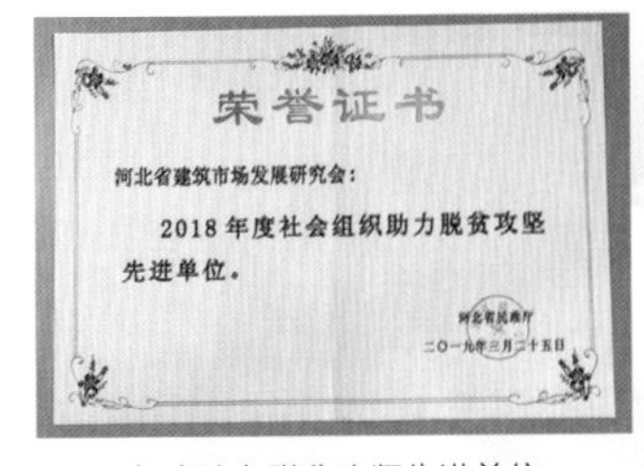
荣誉证书
河北省建筑市场发展研究会：
2018 年度社会组织助力脱贫攻坚先进单位。
河北省民政厅
二〇一九年三月二十五日

2018 年度助力脱贫攻坚先进单位

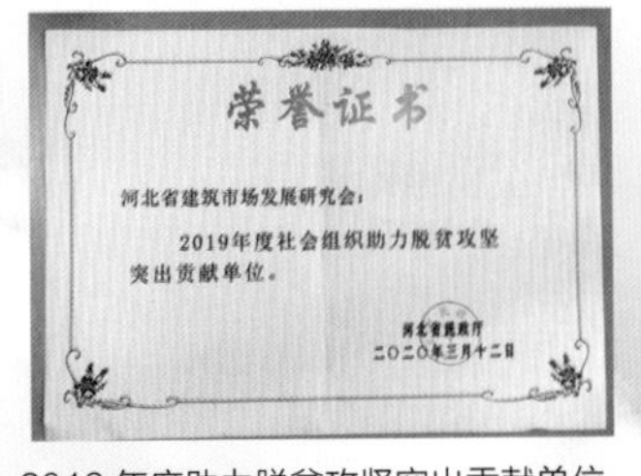
荣誉证书
河北省建筑市场发展研究会：
2019 年度社会组织助力脱贫攻坚突出贡献单位。
河北省民政厅
二〇二〇年三月十二日

2019 年度助力脱贫攻坚突出贡献单位

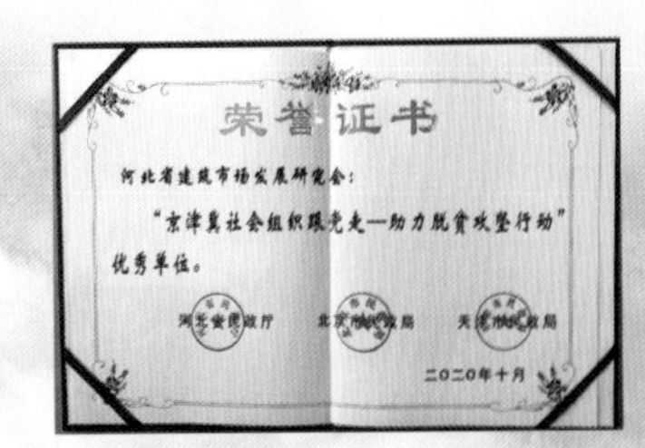
荣誉证书
河北省建筑市场发展研究会：
“京津冀社会组织跟党走—助力脱贫攻坚行动”优秀单位。
河北省民政厅　北京市民政局　天津市民政局
二〇二〇年十月

“京津冀社会组织跟党走—助力脱贫攻坚行动”优秀单位

荣誉证书
河北省建筑市场发展研究会：
“社会组织参与新冠肺炎疫情防控”优秀单位。
河北省民政厅
二〇二〇年十二月

“社会组织参与新冠肺炎疫情防控”优秀单位

河北省建筑市场发展研究会

一、概况

河北省建筑市场发展研究会在全面响应河北省建设事业“十一五”规划纲要的重大发展目标下，在河北省住房和城乡建厅致力于成立一个具有学术研究和服务性质的社团组织愿景下，由原河北省建设工程项目管理协会重组改建成立，定名为“河北省建筑市场发展研究会”。2006 年 4 月，经省民政厅批准，河北省建筑市场发展研究会正式成立，河北省建筑市场发展研究会接受河北省住房和城乡建设厅指导，河北省民政厅监督管理。

二、宗旨

遵守宪法、法律、法规和国家政策，践行社会主义核心价值观，遵守社会道德风尚；坚持以马克思列宁主义、毛泽东思想、邓小平理论、“三个代表”重要思想、科学发展观、习近平新时代中国特色社会主义思想为指导，认真贯彻执行法律、法规和国家、河北省的方针政策，维护会员的合法权益，及时向政府有关部门反映会员的要求和意见，热情为会员服务，引导会员遵循“守法、诚信、公正、科学”的职业准则，促进河北省社会主义现代化建设事业、建设工程监理和造价咨询事业的健康、协调、可持续发展。

三、业务范围

①宣传贯彻国家和省工程监理、造价咨询的有关法律、法规和方针政策；②深入实际调查研究，准确把握我省监理、造价咨询实际和国内外的发展趋势，提供研究成果，为政府主管部门决策和管理提供科学的依据；③维护会员合法权益，加强行业自律，促进工程监理、造价咨询企业发展，制订并组织实施行业的规章制度、职业道德准则等行规行约，推动工程监理、造价咨询企业及从业人员诚信建设，开展行业自律活动；④开展多种形式与工程监理、造价咨询业务相关的业务知识培训和继续教育，举办有关的法律、法规、新技术培训，努力提高会员的法律意识和技术业务水平；⑤组织开展监理、造价咨询企业讲座、论坛、经验交流、学术交流和合作、学习考察，建立专家库、师资库，提供政策法规、业务知识等咨询和服务；⑥承办或参与社会公益性活动；⑦组织与研究会有关的业务活动；⑧编辑出版发行《河北建筑市场研究》会刊、培训教材、培训课件、业务知识相关图书，编印相关资料，建立研究会网站，提供相关信息服务；⑨完成河北省住房和城乡建设厅及中国建设监理协会、中国建设工程造价咨询协会委托和交办的工作。

四、会员

研究会会员分为单位会员和个人会员。

从事建设工程监理、造价咨询业务并取得相应工程监理企业、造价咨询企业资质等级证书的企业，可申请成为单位会员；取得监理工程师执业资格或其他相关执业资格、具有中专以上工程或工程经济类相关专业的监理、造价从业人员，可申请成为个人会员。

五、秘书处

研究会三届理事会常设机构为秘书处，下设三个部门：综合办公室、监理部、造价部。

六、宣传平台

①河北省建筑市场发展研究会网站
②《河北建筑市场研究》会刊
③河北建筑市场发展研究会微信公众号

七、助力脱贫攻坚

研究会党支部联合会员单位，2018 年助力河北省住房和城乡建设厅保定市阜平县脱贫攻坚工作，为保定市阜平县史家寨中学筹集善款 11.8 万元，用于购买校服和体育器材；2019 年为保定市阜平县史家寨村筹集善款 15.55 万元，修建 1000m 左右防渗渠等基础设施，制作部分晋察冀边区政府和司令部旧址窑洞群导图、指示牌和标识标牌、购置脱贫攻坚必要办公用品。

八、众志成城共抗疫情

新型冠状病毒感染的肺炎疫情发生以来，河北省建筑市场发展研究会及党支部发出《关于积极配合做好新型冠状病毒疫情防控工作倡议书》，研究会及员工，单位会员和个人会员第一时间做出响应，做好疫情防控的同时，发挥自身优势，多方筹措防控物资，捐款捐物，合计捐款 189.97 万元。

九、荣誉

2018 年度荣获中国社会组织评估 3A 等级社会组织；2018 年度荣获河北省民政厅助力脱贫攻坚先进单位；2019 年度荣获河北省民政厅助力脱贫攻坚突出贡献单位；2020 年度荣获河北省民政厅“社会组织参与新冠肺炎疫情防控”优秀单位；2020 年度荣获河北省民政厅、北京民政局、天津民政局“京津冀社会组织跟党走助力脱贫攻坚行动”优秀单位。

湖南省建设监理协会

湖南省建设监理协会（Hunan Province Association of Engineering Consultants，简称 Hunan AEC ）。

协会成立于 1996 年，是由湖南省行政区域内从事全过程工程咨询、工程建设监理、项目管理业务等业务相关单位及个人自愿组成的自律管理、全省性行业组织，是在湖南省民政厅注册登记具有法人资格的非营利性社会团体，现有单位会员近 300 家。

协会宗旨：以习近平新时代中国特色社会主义思想为指导，加强党的领导，践行社会主义核心价值观，遵守社会道德风尚；遵守宪法、法律、法规和国家有关方针政策。坚持为行业发展服务，维护会员的合法权益，引导会员遵循“守法、诚信、公正、科学”的职业准则，沟通会员与政府、社会的联系，发展和繁荣我省全过程工程咨询、工程建设监理和项目管理事业，提高行业服务质量。

协会始终坚持以党的十九大及十九届四中全会精神为办会思想，在省住房和城乡建设厅、民政厅的正确领导下，在中国建设监理协会和协会会员的大力支持下，为政府主管部门和会员提供精准服务，开展主要工作有：

（一）开展调查研究国内外同行业的发展动态，反映会员的意见和诉求，提出有关行业发展的经济、技术、政策等方面建议，推进行业管理和发展。

（二）组织经验交流、参观学习，宣传、贯彻有关行业改革和发展的方针、政策，总结和推广改革成果和经验，组织行业培训、技术咨询、信息交流。帮助企业转型升级，提高企业核心竞争力，推进行业整体素质的提高，鼓励企业“走出去”，加快与国际接轨的步伐。

（三）建立健全行业自律管理机制和诚信机制。开展对会员单位及其监理人员的信用及资信评价，推行并落实监理报告制度，做好建筑从业人员实名制管理工作，加强行业自律管理；受理会员投诉，维护行业和会员的合法权益，依法依规开展维权活动。

（四）推动工程建设监理智慧化、智能化管理，推进安全生产标准化、信息化建设，推广 BIM 技术、物联网、人工智能、大数据、云计算在工程建设监理中的应用；开展安全生产的宣传教育、风险辨识、评估，以及质量风险管控和安全评价等相关工作。

（五）推行“适用、经济、绿色、美观”的新时期建筑方针，开展与全过程工程咨询、建设工程监理、项目管理相关联的装配式建筑、绿色建筑及节能建筑等业务活动，促进企业多元化发展。

（六）承担政府相关部门、社会保险机构、高校或其他合法合规的社会机构委托的相关工作，参与制定相关政策、规划、规程、规范、行业标准及行业统计等工作事务。

（七）建立行业管理相关平台并负责管理，办好会刊、杂志，收集、编辑有关政策、法规、市场信息及行业发展的书刊及资料。

（八）开展行业相关业务的调查、统计、研究工作，为指导企业开展业务和向政府有关部门提供决策依据。

（九）开展行业宣传工作，表彰会员单位中的优秀企业和个人。

目前正在实现职能转变，以提升服务质量、增强会员凝聚力，更好地为会员服务。在转型升级之际，引导企业规划未来发展，与企业一道着力培养一支具有开展全过程工程咨询实力的队伍，朝着湖南省工程咨询队伍建设整体有层次、竞争有实力、服务有特色、行为讲诚信的目标奋进，使湖南省工程咨询行业在改革发展中行稳致远。

湖南省建设监理协会第四届第五次理事会议

湖南省建设监理协会第五届第一次会员代表大会暨五届一次理事会

湖南省建设监理行业“不忘初心 · 砥砺前行”党史教育培训班

湖南省建设监理行业“不忘初心 · 砥砺前行”党史教育培训班开班仪式

凤凰和熙

南京大学苏州校区

南京市妇幼保健院丁家庄院区

河海大学长荡湖大学科技园（一期）

江南农村商业银行股份有限公司“三大中心”建设工程

海门市体育中心

狮山广场

苏州湾文化中心

启东文体中心

江苏大剧院

江苏建科工程咨询有限公司

江苏建科工程咨询有限公司（原江苏建科建设监理有限公司）是目前江苏省监理行业规模最大、技术实力强大的多元化企业。公司组建于1988年江苏省建筑科学研究院建设监理试点组，是全国第一批社会监理单位，率先开展建设监理及项目管理试点工作，现为中国建设监理协会副会长单位、全过程工程咨询试点单位。

公司自成立以来一直秉承“质量第一、信誉至上”的经营理念，努力不懈地打造精品项目，深受行业好评。公司由初建时单一的监理业务逐步拓展为集全过程工程咨询、工程监理、项目管理、造价咨询、招标代理、第三方巡查、BIM技术咨询服务、工程项目应用软件开发为一体的综合型技术实体，具有工程监理综合资质，承接业务专业领域涵盖了房建、道路、医院、水厂、学校、轨道交通等各类专业领域。近年来荣获“鲁班奖”29项，国家优质工程奖38项，“詹天佑奖”2项，钢结构金奖4项，省优工程300余项。2004年至今，每年均被授予江苏省“示范监理企业”称号，连续8次获得全国建设监理先进单位称号。

公司现有员工2300余人，已形成专业配套齐全、年龄结构合理、优势互补、理论与实践结合、高起点高层次的工程咨询人员群体，他们本身既是建筑工程专业技术人员，又通过系统培训和实际工作锻炼掌握了建设项目管理所必需的经济法规、合同管理、工程造价管理、施工组织协调等方面的知识和能力，能够当好项目业主的参谋与顾问，帮助业主对工程项目实行全方位管理。

多年来，公司围绕技术研发，坚持自主创新，取得了丰硕成果，是国家高新技术企业。形成以江苏省建筑产业现代化示范基地、江苏省研究生工作站、江苏省城市轨道交通工程质量安全技术中心、南京市民用建筑监理工程技术研究中心、南京市装配式建筑信息模型（BIM）应用示范基地为支撑的科研平台。科研成果硕果累累，获江苏省科技进步三等奖3项、江苏省科技进步四等奖2项、江苏省建设科学技术一等奖1项、中施协科学技术二等奖1项、南京市科学技术进步奖三等奖1项、华夏建筑科学技术二等奖1项、江苏省土木建筑学会土木建筑科技三等奖1项、江苏省建设工程招投标管理二等奖1项、江苏省建设工程招投标管理三等奖1项。

面对市场机遇和挑战，公司将继往开来，以打造“一流信誉、一流品牌、一流企业”为目标，积极倡导“以人为本，精诚合作、严谨规范、内外满意、开拓创新、信誉第一、品牌至上、追求卓越”的价值理念及精神，凭借优质的工程质量和完善的服务体系，以市场化、多元化的经营理念开拓发展，创造出更加辉煌灿烂的明天！

厦门海投建设咨询有限公司

厦门海投建设咨询有限公司成立于1998年12月，注册资金1008万元。公司主要开展全过程工程咨询服务，经营范围包括：工程代建、工程施工、工程监理、造价咨询、招标代理、BIM技术应用等。拥有代建资质：房建乙类、路桥乙类、港工乙类；施工资质：建筑工程施工总承包三级、市政公用工程施工总承包三级；监理资质：房建、市政监理甲级，机电安装、电力工程、人防监理乙级资质，水利水电丙级；造价咨询乙级资质；招标代理乙级资质。

具有以综合管理体系为核心企业内部运行机制。实施ISO9001、ISO14001和ISO45001即质量、环境管理、职业健康安全三大管理体系认证，是中国建设监理协会团体会员单位、福建省工程监理与项目管理协会理事单位，福建省人防工程监理协会、福建省质量管理协会、厦门市土木建筑学会、厦门市建设工程质量安全管理协会团体会员单位，厦门市建设监理协会副秘书长单位、厦门市建设执业资格教育协会理事单位，福建省及厦门市“守合同，重信用”企业。

聚集高素质、高技能的人才队伍。现有员工294人，其中本科以上学历240人；高级工程师42人，工程师156人；国家注册一级建造师45人，二级注册建造师79人；国家注册监理工程师106人、省监理工程师培训证132人、省监理员培训证98人；国家注册一级造价师11人；国家注册安全工程师3人；人防总监理工程师培训证55人，人防监理工程师培训证58人，人防监理员培训证66人。

为全国各地建设项目保驾护航。服务的房建项目超过1500万m^2，市政道路超过1000km，主要业绩有厦门中心、马銮湾保障房地铁社区、厦门市轨道交通2、3、4号线、海沧体育中心、海沧新城综合交通枢纽工程、海沧半导体产业基地项目、厦门一中海沧校区、厦门金砖项目、厦门信息产业创新创业园、厦门生物医药产业协同创新创业中心、厦门建筑产业现代化示范园公共服务中心、山边洪邻里中心项目工程、海沧信息产业园配套市政道路、海沧东屿CBD1号地块、海沧行政中心、海沧文化中心、海投大厦、东山悦华酒店、闽侯县青少年校外活动中心及闽侯县教师进修学校附属中学建设项目、平潭台胞社区、人保南平分公司营业用房、海沧港区14号~19号泊位10万t集装箱码头、海沧港区20号~22号泊位陆域一期工程、海沧保税港区一期二期工程、海沧航道扩建二期工程、芦澳路工程等。

坚守“守法、诚信、公正、科学”的执业准则。以诚信创新、注重人本、降低成本为企业的经营宗旨。本着“优质服务，廉洁规范”“严格监督、科学管理、讲求实效、质量第一”的原则竭诚为广大业主服务。先后荣获中国土木工程“全国优秀示范小区”称号、詹天佑“优秀住宅小区金奖”、中国建设报“重安全、重质量”荣誉示范单位、福建省“闽江杯”优质工程奖、福建省质量管理协会“讲诚信、重质量”单位和“质量管理优秀单位”及“重质量、讲效益”“推行先进质量管理优秀企业”福建省质量网品牌推荐单位、厦门市优良工程、厦门市结构优质工程、厦门市建设工程鼓浪杯奖、厦门市优秀建筑装饰工程奖（白鹭杯）、厦门市总工会“五一劳动奖状”“五星职工之家”等荣誉。

面对新形势，在机遇与挑战凸显的关键时期，公司与时俱进，建立健全全过程工程咨询服务体系，开展全过程工程咨询服务，加快转型升级和高端化发展步伐，努力实现咨询业务链条化、全覆盖，实现公司业务发展格局新突破。

地　址：厦门市海沧区钟林路8号海投大厦15层
电　话：0592-6881025
传　真：0592—6881021
邮　编：361026

厦门中心

厦门海沧体育中心

海沧天源居住小区

新阳大道

海沧半导体产业基地

宁夏五恒化学有限公司氨纶及生物可降解材料配套产业链工程

宁夏电投太阳能源有限公司热电联产工程

郑州西四环郑上路互通立交

扶沟全民体育健身中心

雄安绿博园

西安永祥路提升改造工程

西安养元医养项目

公平公正谓之　中

沟通协调谓之　元

法律法规谓之　方

中元方工程咨询有限公司成立于1997年3月，注册资金5006万。公司现有中、高级工程师及各专业注册执业人员300余人，能完成各专业重大工程智慧化技术咨询服务工作。

公司具备建设部工程监理综合资质、人防工程监理乙级资质、交通部公路工程监理乙级资质、水利部水利工程施工监理乙级资质，可以承接房建、市政、公路、水利水电、电力、农林、铁路、冶炼、矿山、港口与航道、航天航空、通信、机电安装、化工石油等所有工程类别的工程监理业务。

公司同时具备工程造价甲级资质、招标代理资质，公司同时开发“中元方”工程管理智慧化软件，能承担各类工程项目全过程、智慧化管理技术服务。

公司现为中国建设监理协会常务理事单位、河南省建设监理协会副会长单位，周口市建设监理协会会长单位。

公司多年来连续被河南省住房和城乡建设厅、河南省建设监理协会评为“优秀监理企业”“河南十佳创新型领军企业”“十佳优质服务单位”等荣誉称号。

中元方工程咨询有限公司

二〇二一年九月一日

智慧化

永明项目管理有限公司

永明项目管理有限公司是中国建筑服务业首家一站式智能信息化管控与服务平台化公司，成立于2002年，注册资本金5025万元。公司主营业务包括全过程工程咨询、工程监理、造价咨询、招标代理等，已取得工程监理综合资质、工程造价咨询甲级等多项资质。

公司现为中国建设监理协会理事单位，中国建设工程造价管理协会会员单位，中国招标投标协会会员单位，陕西建设网高级会员，陕西省建设监理协会副会长单位，陕西省招标投标协会副会长单位，陕西省建设工程造价管理协会理事单位。

近年来积极响应国家“数字经济＋智慧社会建设”的战略号召，不断创新、大胆实践，以党建做引领、科技做支撑，率先将“互联网＋物联网＋平台化”引入建筑服务业，成立网络科技公司自主研发建筑全过程智能信息化管控与服务平台——筑术云，持续专注于标准化与信息化管理、规范化与智慧化服务的探索和实践，遍布全国各地上万个不同项目的全方位信息化管控与服务的应用，大幅提高了工作效率，降低了各类成本，确保了服务项目的安全与质量，得到了各地各级政府和业主的一致认可。

实力雄厚，成功转型。永明公司不断创新思维模式、组织模式、管理模式、运营模式、服务模式，为建筑业全产业链提供信息化管理、智慧化服务的同时，企业也成功地实现了数字化转型升级，成为信息化平台化项目管理公司。

公司拥有专业的设计团队、造价团队、信息化硬件集成团队、网络与软件研发团队、网络与软件服务团队、工程与信息监理团队、项目全过程咨询团队、企业管理咨询团队、商学院培训团队等十多个专业技术团队，以及知名网络与信息化硬件设备代理权。

先进的理念、科学的管理、现代的手段，引领着企业高速平稳发展。受新冠疫情严重影响的2020年企业合同额增幅仍达48%，突破20亿元大关。

党建引领，保障促进。永明项目管理公司始终坚持以“党建做引领、科技做支撑、办企为人民”的理想信念，搞好党建工作。公司现有党员102名，公司总部设有党支部，下属分支机构设有18个党小组，党支部和党小组活动场所与内容，均严格按照党建标准和内容执行。公司党支部充分利用筑术云信息化管控与服务平台，采取线上线下相结合的方法，组织分散在全国各地的100多名党员召开“有目的、有计划、有组织、有主题、有意义、有收获”的“一个党小组就是一座堡垒，一名党员就是一面旗帜”“党在我心中，任在我肩上”“以学正心，以行争先”“牢记党的宗旨，强化党员作风”“感恩思进、爱党爱国”等主题党日活动，充分调动和发挥党组织和党员队伍的先锋模范带头作用，有效地保障和促进了企业的健康高速平稳发展。

临危受命，不负使命。2020年新冠疫情伊始，西安市政府将西安小汤山项目（公共卫生中心）建设监理任务交给了永明项目管理公司，当时正值春节放假和全国性城市与小区实行封闭管理，公司广大党员主动请缨、积极带头，公司迅速组织了以党员和积极分子为主的突击队，第一时间赶赴施工现场，与中建集团、陕建集团共享筑术云智能信息化管控与服务平台，奋战七昼夜按时圆满地高质量完成了这项政治任务，得到了西安市政府的高度认可并向永明公司发来了感谢信。

时代碰撞，蜕变前行。伴随着人类社会由信息化工业革命向智能化工业革命的大步跨越，围绕我国“十四五”战略“数字经济，智慧社会”的主题，我们将紧跟时代步伐，保持理念超前、战略科学、目标明确、制度先进、手段现代，充分发挥“科学管控千里眼，优质工程护身符”筑术云智能信息化管控平台的作用，不断优化产品质量提升服务品质，为我国建筑全产业链提供优质的信息化管控与服务，为中华民族的伟大复兴贡献永明力量！

未来，永明将继续秉持“爱心、服务、共赢”的企业精神做强技术，以智暨管护，规范经营和科学管理的经营模式优化服务，为促进行业健康发展，推动企业价值创造，承担民企责任做出更大的贡献！

公司部沣东自贸产业园办公楼

公司指挥中心部门资质荣誉

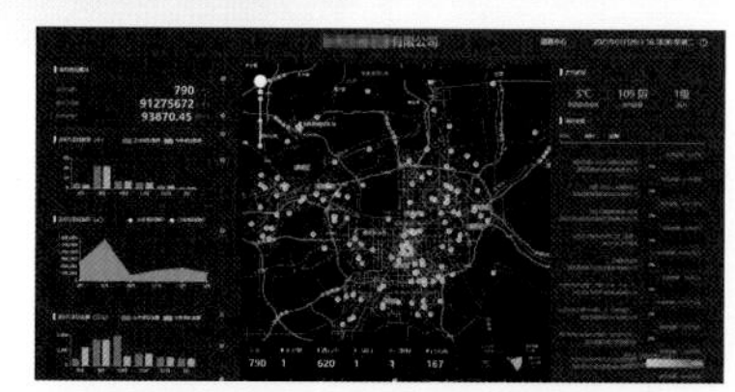
筑术云信息化智能管控平台信息指挥中心

2020年1月智能监理启动仪式

航天基地东兆余安置项目

西安市公共卫生中心项目

西安航天基地东兆余安置项目

西安地铁群项目

公司帮困扶贫送温暖活动

公司机关人员标准化办公环境

公司承监的西安市公共卫生中心（应急院区）交接仪式